CHIMIE AGRICOLE.

DU SOL ARABLE,

De ses Variétés, et des Moyens d'en apprécier les qualités.

FRAGMENTS DE LEÇONS

Faites à l'Ecole d'agriculture et d'économie rurale du département de la Seine-Inférieure ;

Par M. J. GIRARDIN,

Professeur de chimie, Membre de la Société royale et centrale d'agriculture de Paris, de la Société d'encouragement pour l'industrie nationale, Vice-président de la Société d'agriculture de Rouen, Inspecteur de l'Association normande, etc.

> La nature et l'amélioration des sols forment la partie la plus importante de l'agriculture, et celle qui est le plus susceptible d'être éclairée par la chimie.
>
> H. DAVY. — *Eléments de chimie agricole.*

Un des agents naturels les plus importants à connaître pour l'agriculteur, c'est, sans contredit, le SOL qui sert de support aux végétaux. C'est dans son sein que germent les semences , que les plantes puisent une bonne partie des matériaux nutritifs qui contribuent à leur développement progressif ; c'est enfin sur lui que s'exercent tous les efforts des cultivateurs , qui ont entrevu , dès l'antiquité la plus reculée , le rôle influent qu'il joue par rapport à la végétation.

L'étude du SOL et surtout du SOL ARABLE , c'est-à-dire de la couche terrestre superficielle qui est propre à la culture des plantes , est un des sujets les plus difficiles et les plus longs qu'on puisse traiter , car bien des questions diverses se rattachent à cette étude. Formé d'un mélange de différentes matières terreuses pulvérulentes et de substances végétales et animales en voie de décomposition , le SOL CULTIVABLE varie à l'infini dans sa composition , et doit sa fertilité , relativement à telle ou telle espèce de culture , à des proportions particulières et à l'état physique de ses composants. L'agriculteur doit donc étudier avec soin chacune des parties constitutives de la croûte superficielle de la terre , et rechercher l'influence de chacune d'elles sur la masse du sol et son action sur la végétation. Muni de ces connaissances , il peut facilement alors classer les terres arables d'après leur nature chimique , et trouver les moyens de modifier leurs propriétés , de manière à rendre productives celles qui , par un vice de composition , sont frappées de stérilité.

L'analyse des terres est par conséquent , pour l'agriculteur , une des connaissances les plus importantes à acquérir , car elle peut seule lui donner les moyens de tirer un parti avantageux du sol le plus ingrat. L'observation ni la pratique ne peuvent apprendre au cultivateur les causes de l'aridité d'un fonds de terre et ce qu'il faut pour y remédier. L'analyse chimique peut seule l'éclairer à cet égard , en lui dévoilant , dans cette terre , la présence de principes nuisibles qu'il est presque toujours facile de détruire , ou l'absence de parties indispensables à la fertilité. L'art de composer les terres arables , et de les disposer à une bonne culture , est donc une des applications les plus intéressantes de la chimie.

A cette connaissance indispensable , il faut joindre celle non moins importante de ces différents agents de fécondité, qu'on désigne sous les noms d'ENGRAIS, d'AMENDEMENTS et de STIMULANTS. Ces agents destinés à modifier la constitution chimique du sol ou ses propriétés physiques , et à suppléer à l'appauvrissement en principes nutritifs qu'il a. éprouvé par la succession des récoltes , doivent fixer d'une manière toute spéciale l'attention des cultivateurs. Apprendre la manière de préparer ou de se procurer les amendements , les stimulants et les engrais ; savoir le choix qu'on doit en faire pour chaque espèce de terrain ; connaître l'effet qu'ils exercent tant sur le sol que sur les végétaux ; c'est là une étude qui ressort entièrement de la chimie ; et qui malheureusement est trop négligée par ceux qui doivent surtout en profiter.

Comme on le voit, des questions bien graves et bien distinctes se rattachent , ainsi que je le disais en commençant , à l'étude du SOL , prise dans son sens le plus large. Aucun sujet ne mérite autant que celui-ci l'examen réfléchi , les méditations sérieuses de ceux qui cherchent dans l'exploitation de la terre une occasion d'aisance et de prospérité. C'est pour cette raison que j'ai cru devoir en faire l'objet unique de mes leçons , en 1840--1841 , à l'école d'agriculture et d'économie rurale de la Seine-Inférieure.

Mais, pour ne pas donner trop d'étendue à l'article qui m'a
été demandé par M. DE CAUMONT , directeur de l'Association normande , pour l'Annuaire de 1842 , je laisserai de
côté tout ce qui a trait aux différents agents de fertilité ,
pour ne parler que de la nature , des diverses espèces et
des moyens d'apprécier les qualités du SOL ARABLE.

Iᵉʳ §. — *De la structure géologique du sol et de la formation
des terres arables.*

Et d'abord , avant tout , il est indispensable de rechercher la manière dont les SOLS ARABLES ont été formés, dans
l'origine des choses , et de connaître la constitution intime de notre globe terrestre. Pour cela , force nous est
de faire une courte excursion dans le domaine de la GÉOG-
NOSIE , ou de la science qui traite de la structure de la
terre.

Les excavations naturelles , les percements ou les son-
dages que l'homme a eu l'idée d'exécuter dans l'intérieur
du sol, soit pour rechercher des eaux pures et abondantes,
soit pour y découvrir des mines de charbon de terre , de
sel ou de métaux , si nécessaires à la satisfaction de ses besoins , lui ont bientôt appris que la masse solide du globe
n'est pas homogène dans toute son épaisseur , c'est-à-dire
formée d'une seule sorte de matière minérale. L'aspect
seul de la surface de la terre aurait même suffi pour lui
démontrer ce fait ; car l'individu le moins intelligent n'a
pas dû voir sans étonnement et sans intérêt ces natures si
diverses de pierres ou de matières terreuses qui s'offrent
pour ainsi dire à chaque pas. Là , c'est de la craie ou
de la marne qui se montre à jour ; plus loin , ce sont des

sables blancs , jaunes ou rouges ; ailleurs ce sont des tourbes ou des substances ferrugineuses , ou des grès , ou des marbres , ou des ardoises , ou des granites.

Ces diverses masses minérales qui forment des COUCHES plus ou moins épaisses , plus ou moins étendues , tantôt disposées en lits horizontaux , tantôt offrant une situation verticale ou plus ou moins inclinée , présentent presque toujours une très-grande régularité dans leur superposition. Les substances qui les composent ont été désignées sous le nom de ROCHES.

Souvent une ROCHE est formée par une seule espèce minérale , comme , par exemple , la craie , la houille , le sel commun. Plus souvent encore une ROCHE se compose de l'aggrégation de deux ou d'un plus grand nombre d'espèces minérales ; tel est , par exemple , le *granite* qui offre le mélange de trois minéraux différents, que l'œil distingue facilement par suite des caractères bien tranchés et bien opposés qu'ils possèdent. Il y a donc des ROCHES SIMPLES et des ROCHES COMPOSÉES.

Ces masses de roches ou ces COUCHES qui constituent ainsi par leur superposition toute l'écorce solide de la terre , jusque dans les profondeurs les plus grandes où l'on ait pu parvenir , sont d'autant plus anciennes qu'elles sont plus profondément situées : les unes paraissent avoir été formées par voie de cristallisation ; d'autres par l'action des feux volcaniques ; et le plus grand nombre présentent tous les caractères de dépôts opérés au sein des eaux. Les naturalistes ont réuni , sous le nom de TERRAINS , les couches qui offrent le plus d'analogie entre elles sous le rapport du mode de formation , de l'ancienneté , de la structure , et ils ont partagé l'écorce minérale en plusieurs parties distinctes ou TERRAINS.

On comprend , sous le nom de TERRAINS PRIMORDIAUX , les couches cristallines les plus anciennes , dont la majeure partie paraît avoir été formée avant l'apparition des êtres organisés à la surface du globe. Les *granites*, les masses de *cristal de roche* ou *quartz*, etc., qu'on remarque dans ces terrains , constituent les plus hautes montagnes du globe, et existent aussi aux plus grandes profondeurs que l'industrie humaine ait encore pu atteindre. C'est dans ces terrains qu'on rencontre la plupart des minerais métalliques que l'on exploite pour les besoins des arts.

On nomme TERRAINS DE SÉDIMENT les couches non cristallines qui paraissent avoir été formées au sein des eaux , et qui sont remplies de vestiges d'animaux et de végétaux. Ces vestiges appartiennent à des familles de poissons , de plantes , de mollusques , qui s'éloignent en général de celles qui sont vivantes aujourd'hui , mais qui s'en rapprochent de plus en plus , à mesure qu'on s'élève dans la succession des terrains. Ces terrains de sédiment , qui forment des couches horizontales très-épaisses , très-étendues , très-nombreuses , comprennent des roches *schisteuses* ou disposées en feuillets , plus ou moins semblables à l'ardoise ; des *calcaires* , des *craies* , des *marnes* , des *grès* , des *argiles* de diverses couleurs , ainsi que des masses considérables de *houille* ou charbon de terre , de *plâtre* , de *lignites* ou bois bitumineux fossiles.

On appelle TERRAINS D'ALLUVION OU DILUVIENS ET POST-DILUVIENS les couches qui sont composées de débris des roches précédentes , qui ont été entraînés par les eaux et qui se sont ensuite déposés à différents endroits ; couches tout-à-fait analogues à ces monceaux de sable et de limon que les rivières accumulent à leur embouchure et sur leurs bords. Ces alluvions , constituées surtout par des *sables* et des *cailloux roulés* , ont couvert quelquefois des contrées entières et renferment fréquemment des débris de grands animaux , tels qu'éléphants , rhinocéros , etc. , qui semblent différer des espèces actuellement existantes , et aussi des coquilles d'eau douce et parfois des débris d'animaux marins.

Enfin , on désigne sous le nom de TERRAINS VOLCANIQUES OU IGNÉS toutes les couches qui ont été ou qui sont formées par l'action du feu. Les unes ont été produites par des éruptions ignées antérieures à l'apparition de l'homme sur la terre , ou à des époques dont on a perdu le souvenir. Ce sont les TERRAINS VOLCANIQUES ÉTEINTS. Les autres se forment encore journellement sous nos yeux par les éruptions des volcans actuellement brûlants.

Il ne faut pas croire que les terrains différents dont je viens de parler se montrent toujours et partout superposés les uns aux autres , en raison de leur ancienneté de formation , et dans l'ordre où je viens de les énumérer. Dans beaucoup de contrées , les TERRAINS PRIMORDIAUX sont à découvert à la surface du sol , surtout dans les chaînes de montagnes et dans les points les plus élevés de la terre ; ces montagnes offrent toujours des escarpements , ce qui tient à la forte inclinaison de leurs couches.—Les TERRAINS DE SÉDIMENT couvrent de grandes étendues et constituent la surface du sol dans nombre de pays ; ils forment généralement des plaines ou des collines peu élevées : ce sont eux que nous voyons dans le département de la Seine-Inférieure où la craie domine.

— Les TERRAINS D'ALLUVION reposent souvent sur les précédents ; mais ils posent quelquefois directement sur les terrains primordiaux : ils forment aussi des plaines ou de petites collines arrondies. — Quant aux TERRAINS VOLCANIQUES, plus circonscrits dans leur développement, on ne les voit que dans un bien petit nombre de pays , recouvrant alors les autres terrains et formant la plupart du temps des montagnes coniques qui augmentent incessamment par les éruptions qui sortent de leur sein.

On peut donc dire que c'est la structure extérieure des terrains qui détermine l'aspect de la surface de la terre, qui donne naissance aux montagnes , aux vallées et à toutes les inégalités qu'on y observe. La surface de ces terrains éprouve tous les jours des dégradations qui la modifient plus ou moins , mais dont les effets sont bien plus lents et moins sensibles que ceux qu'elle paraît avoir éprouvés autrefois. L'action des eaux , de l'air , du feu , est la principale cause de ces dégradations rarement subites , mais presque toujours progressives ; et c'est à l'action de ces causes , c'est à la décomposition incessante des roches superficielles , qu'est due la formation des *sols propres à la culture* , ou de ce qu'on appelle. vulgairement la TERRE VÉGÉTALE ou la TERRE ARABLE.

Mais , pour bien concevoir la formation de ces sols, pour bien comprendre la diversité de leur nature chimique , il est nécessaire de connaître avant tout les éléments essentiels des roches , c'est-à-dire les substances chimiques les plus communes qui concourent à les former. Ces substances sont heureusement peu nombreuses. En effet , il n'y a guère que

la silice ,	la potasse ,
l'alumine ,	la soude ,
la chaux ,	l'oxide de fer ,
la magnésie ,	l'oxide de manganèse ,

qui entrent dans la composition des espèces minérales et par suite des roches d'apparence pierreuse ou terreuse. Je laisse de côté les minerais métalliques proprement dits, car ils n'entrent pas comme éléments essentiels des roches qui sont à la surface du sol. Voyons donc les caractères et la nature de ces divers composés chimiques dont je viens de citer les noms.

SILICE.

Ce nom dérivé du mot *silex*, qui désigne, comme chacun sait, le minéral qui sert à faire les pierres à fusil et à briquet, s'applique à un composé d'oxigène et de *silicium*, qui jouit de propriétés acides ; aussi les chimistes le nomment-ils ACIDE SILICIQUE.

C'est ce composé qui, lorsqu'il est tout-à-fait pur et cristallisé, constitue entièrement le *cristal de roche* ou *quartz*. C'est également lui qui forme essentiellement :

Les *pierres meulières*, entre lesquelles on écrase le blé, et qui servent souvent dans les constructions ;

Les *cailloux* ou *silex*, si fréquents dans les couches de craie, où on les voit disposés par lits horizontaux et réguliers ;

Les *grès*, si utiles pour le pavage des routes, la fabrication des pierres à aiguiser les instruments tranchants ;

Les *sables*, qui entrent dans la composition des mortiers, de toutes les poteries et de tous les verres, depuis le verre à bouteilles jusqu'au cristal ;

Les *tripolis*, nécessaires pour le polissage des corps durs.

Ces différentes variétés de silice doivent leurs couleurs à une certaine quantité d'oxide de fer.

On voit, par là , que la silice est une des substances mi‑
nérales les plus communes , aussi la trouve-t-on dans tous
les sols connus. Les eaux des sources , puits et rivières
en renferment plus ou moins en dissolution. Elle existe
dans tous les organes des plantes et des animaux. Enfin, la
plus grande partie des minéraux terreux ou des *pierres* en
contiennent à l'état de combinaison ; ces pierres sont des
sels dans lesquels la silice joue le rôle d'acide , aussi les
nomme-t-on d'une manière générale des SILICATES.

La silice , dans son état de pureté et telle que l'obtien‑
nent les chimistes dans leurs laboratoires, se présente sous
la forme d'une poudre blanche , impalpable , sans odeur
et sans saveur. Desséchée et rougie au feu , qui ne peut
la fondre , elle est tout-à-fait insoluble dans l'eau et les
acides. Ce n'est que lorsqu'elle est récemment isolée d'une
de ses combinaisons, et à l'état de gelée avec l'eau, qu'elle
se dissout sensiblement dans l'eau , les acides et les lessives alcalines bouillantes. Un autre caractère distinctif de
la silice, c'est de pouvoir s'unir , par le moyen de la calcination , avec les oxides, et de donner naissance alors à
des matières qu'une chaleur rouge peut convertir en verres , au moins dans le plus grand nombre des cas. Calcinée
avec la potasse et la soude , elle forme des verres ou des silicates très-solubles dans l'eau ; en poudre sèche et fine,
elle absorbe la vapeur d'eau à la manière des corps poreux et sans contracter d'union intime avec elle. Dans un
air humide, 100 parties de cette poudre augmentent de 10
à 15 parties en poids, d'après Chevreul. Chaptal dit qu'elle
absorbe à peine le quart de son poids d'eau , et qu'elle la
laisse s'évaporer deux fois plus vite que le carbonate de
chaux également divisé , et cinq fois plus vite que l'alumine dans le même état.

ALUMINE.

L'ALUMINE, dont le nom est dérivé du mot *alun*, sel très-employé dans les arts, est un oxide métallique dont la base a reçu le nom d'*aluminium*. Assez rare, à l'état de pureté, dans la nature, cet oxide est, au contraire, très-répandu, sous forme de combinaisons, dans la plupart des minéraux terreux ou des *pierres*, ou à l'état de simple mélange dans ces espèces de *terres* qu'on désigne sous le nom spécial d'ARGILES.

L'alumine pure est une poudre légère, blanche, insipide, inodore, tout-à-fait infusible. C'est sur cette dernière propriété qu'est fondé l'usage général que l'on fait des terres alumineuses pour la construction des fourneaux, des creusets et autres ustensiles en poterie, qui doivent aller au feu. L'alumine est insoluble dans l'eau, malgré la grande affinité qu'elle manifeste pour elle. Elle l'absorbe avec promptitude, s'y délaie aisément et forme, avec une suffisante quantité de liquide, une pâte liante, propriété qu'elle communique à toutes les matières avec lesquelles elle est mêlée naturellement ou à dessein. Cette pâte, exposée à l'action du feu, se dessèche, durcit et acquiert une telle cohésion, qu'elle ne peut plus se délayer dans l'eau, et qu'elle résiste pendant long-temps à l'action des liquides les plus énergiques. C'est ce changement de propriétés par la cuisson, qui rend l'alumine si précieuse pour la confection des poteries et ustensiles analogues.—Non calcinée et délayée dans l'eau, ou à l'état de gelée blanche, l'alumine se dissout très-bien dans les acides et les lessives alcalines.

Les ARGILES qui jouent un rôle si important en agriculture , ont surtout pour base l'alumine, qui y est associée,
par voie de simple mélange , à des quantités variables de
silice et d'eau , et parfois aussi à des carbonates de chaux
et de magnésie, à des oxides de fer et de manganèse, et
enfin à des substances organiques.

Très-répandues à la surface de la terre , les argiles appartiennent en quelque sorte à tous les terrains. Elles
forment fréquemment des collines remarquables en ce
qu'elles ne présentent jamais le moindre escarpement,
et sont d'une stérilité complète. C'est surtout dans les terrains les plus modernes , qu'on les remarque en couches
ordinairement horizontales , souvent fort étendues et généralement situées à peu de profondeur. La densité de
ces couches et leur disposition,qui ne permettent pas à l'eau
de les traverser,influent beaucoup sur la direction des eaux
souterraines , et déterminent la formation de ces grandes
nappes d'eau que la sonde du mineur va chercher pour faire
ce qu'on appelle les *puits jaillissants* ou *artésiens.*

On reconnaît les argiles à leur toucher gras et onctueux , au poli que le frottement de l'ongle leur communique , à la propriété qu'elles ont de former avec l'eau
une pâte ou bouillie glutineuse qui se laisse alonger en
différents sens, et qui , par la cuisson , se durcit au
point de ne pouvoir plus se délayer dans l'eau, et d'é-
tinceler par le choc du briquet. Tous ces caractères sont
dus à la présence de l'alumine, et c'est sur le dernier que
sont fondés les arts du briquetier, du potier , du faïen-
cier , du fabricant de porcelaines, qui tous moulent l'argile en pâte , la font dessécher , puis la durcissent au feu.

Les argiles , en raison de la promptitude avec laquelle

elles absorbent l'eau , ont la propriété de s'attacher à la langue en s'emparant de l'humidité qui recouvre cet organe ; cette propriété est désignée sous le nom de *happement à la langue.* La plupart répandent une odeur particulière par l'insufflation de l'haleine. Les unes deviennent rouges par la calcination , parce que le peroxide de fer qu'elles renferment reprend la couleur qui lui est propre en se desséchant. D'autres , plus ou moins colorées , perdent leur couleur par la cuisson ; ce sont celles qui contiennent des bitumes ou autres matières organiques qui sont décomposés et réduits en produits volatils par la chaleur.

Il existe beaucoup d'espèces d'argiles. Les unes sont infusibles et servent à la fabrication des porcelaines dures, des grès de toute espèce , des faïences blanches ou fines. On les appelle ARGILES PLASTIQUES.—D'autres sont fusibles à une forte chaleur , ce qui est dû à ce qu'elles sont mélangées de chaux et d'oxide de fer en proportions notables. Telles sont la *terre à foulon , la terre glaise.*—Enfin quelques-unes , et ce sont celles qui intéressent le plus l'agriculteur , font une vive effervescence avec les acides , parce qu'elles renferment une grande quantité de craie ou carbonate de chaux. Ces argiles effervescentes sont plus connues sous le nom de MARNES , et , suivant les proportions respectives de l'argile et de la craie qu'elles contiennent , elles sont distinguées en MARNES ARGILEUSES , où l'argile prédomine , et en MARNES CALCAIRES , où la craie est le principe le plus abondant.

Les MARNES sont tendres , friables , se délaient facilement dans l'eau , et forment avec elle une pâte qui n'a pas de liant. Elles se délitent ou tombent en poussière assez promptement dans un air sec : elles font une vive effervescence avec l'acide nitrique et s'y dissolvent en grande partie. Leur couleur varie du gris au vert, au brun, au jaune sale et au blanc.

Les MARNES ARGILEUSES servent à amender les terres légères. Les MARNES CALCAIRES sont utilisées à l'amendement des terres trop argileuses.

Pour mieux fixer les idées sur la composition chimique des argiles, je présente ici les résultats de l'analyse des principales sortes.

	Argile plastique de Forges.	Argile figuline de Provins.	Argile de Livernon	Marne de Belleville	Marne de Viroflay près Versailles.
Alumine..........	24	57,0	50,0	17	11
Silice..........	65	57,0	60,0	46	29
Eau..........	11	»	»	»	»
Peroxide de fer...	des traces	1,7	7,6	6	6
Chaux..........	»	4,0	2,4	»	»
Carbonate de chaux.	»	»	»	28	52
	100	99,7	100,0	97	98

En général, ce sont les argiles, et surtout les ARGILES PLASTIQUES qui, par leur présence, rendent les terres *fortes , grasses , froides et humides.*

CHAUX.

La CHAUX est l'oxide du métal appelé *calcium*. Cet oxide ne se rencontre jamais à l'état de liberté dans la nature ; il y est toujours combiné à différents acides, et entre autres aux acides carbonique, sulfurique, silicique et phosphorique.

Privée de ces acides et à l'état de pureté, la chaux est en fragments irréguliers d'un blanc grisâtre. Elle est âcre et brûlante ; elle détruit promptement les tissus animaux ; mais elle perd bientôt ces propriétés au contact de l'air, en absorbant tout à la fois l'humidité et l'acide carbonique de ce fluide. Elle a une si grande affinité pour l'eau, qu'elle l'absorbe avec rapidité, en s'échauffant considérablement, se fendille en craquant, augmente beaucoup de volume ou *foisonne*, comme on dit vulgairement, et finit par se réduire en une poudre blanche et légère qui n'est presque plus caustique. Elle est alors combinée à une certaine quantité d'eau, ou, comme on s'exprime chimiquement, à l'état D'HYDRATE. Les maçons disent qu'elle est *éteinte*, par opposition à la chaux récemment calcinée qu'ils nomment CHAUX VIVE OU CAUSTIQUE.

La chaux éteinte ou hydratée, délayée dans une grande quantité d'eau, forme ce qu'on appelle vulgairement LAIT DE CHAUX. Caustique ou éteinte, la chaux n'est que très-peu soluble dans l'eau. L'EAU DE CHAUX, abandonnée dans l'air, ne tarde pas à absorber l'acide carbonique, et à former des croûtes de carbonate de chaux ; en peu de temps, l'eau perd toutes les propriétés alcalines qu'elle devait à la chaux, c'est-à-dire sa saveur âcre et la faculté de verdir le sirop de violettes, de ramener au bleu le tournesol rouge, parce que toute la chaux se dépose sous forme de carbonate insoluble.

C'est en calcinant à la chaleur rouge le carbonate de chaux naturel qu'on obtient la chaux caustique.

CARBONATE DE CHAUX. Ce carbonate de chaux existe en abondance dans le sein ou à la surface de la terre, puisqu'il forme des montagnes entières et même des chaînes de montagnes, telles que les Pyrénées, le Jura, les Vosges, les Apennins, une grande partie des Alpes. Il existe encore dans tous les végétaux, et constitue presqu'entièrement la coquille des œufs, les écailles de l'huître et la croûte terreuse des autres mollusques, madrépores, coraux et autres polypiers.

Ce sel est donc très-répandu dans la nature, et il y apparaît sous mille formes distinctes, puisque c'est lui qui constitue essentiellement les *marbres*, les *pierres lithographiques*, les *pierres de taille* et les *moellons à bâtir*, la *craie*, l'*albâtre*. Ces différentes substances portent le nom générique de CALCAIRES.

On distinguera toujours une PIERRE CALCAIRE à ce qu'elle se dissoudra presque sans résidu dans la plupart des acides les plus faibles, en produisant une vive effervescence, et à ce que sa solution claire et limpide donnera un précipité blanc très-abondant avec les lessives caustiques et l'acide sulfurique.

Bien que le carbonate de chaux soit tout-à-fait insoluble dans l'eau, cependant il est peu de sources et de fontaines dont les eaux n'en renferment une certaine quantité. Mais c'est qu'alors il est dissous à la faveur d'un excès d'acide carbonique. Il y a des sources qui en sont
tellement

tellement saturées, qu'elles le laissent déposer dès qu'elles ont le contact de l'air. C'est ce qui donne lieu à ces amas plus ou moins considérables de calcaires qu'on désigne sous les nom de *tuf* et de *travertin*. Ces eaux sont tout-à-fait impropres à la boisson et à l'arrosement des plantes. —On reconnaît une eau calcaire à ce qu'elle forme un dépôt très-sensible quand on l'expose pendant quelque temps à l'air libre ou lorsqu'on la fait bouillir ; à ce qu'elle est troublée assez fortement par l'acide oxalique, ou l'oxalate d'ammoniaque ; enfin, à ce que, par l'addition de quelques gouttes d'ammoniaque, elle ne se trouble pas immédiatement, mais laisse déposer au bout d'une heure ou deux des petits grains cristallins qui se fixent aux parois du verre ; ces grains consistent en carbonate de chaux devenu insoluble par suite de la saturation par l'ammoniaque de l'excès d'acide carbonique qui tenait d'abord le sel calcaire en dissolution dans l'eau.

SULFATE DE CHAUX. Un autre sel de chaux, non moins utile à connaître pour l'agriculteur, est celui qui porte les noms de GYPSE, de PLATRE, de SULFATE DE CHAUX. C'est l'acide le plus oxigéné du soufre ou l'acide sulfurique qui sature la chaux et donne lieu à ce sel. Il est très-commun dans la nature, et il forme des bancs plus ou moins épais dans les parties supérieures des terrains de sédiment. Il constitue souvent aussi des collines peu étendues, arrondies, comme celles de Montmartre, de Belleville, de Ménilmontant, aux portes de Paris.

On distingue très-bien ce sel du précédent, parce que l'ongle le raie très-facilement tandis que le dernier résiste, comme plus dur, à cette action, et surtout parce qu'il ne fait aucune effervescence avec les acides. Il est blanc, insipide , indécomposable par le feu le plus violent, et à peine soluble dans l'eau.

Dans son état naturel , il contient 20 p. % d'eau de combinaison , et il est impropre à former avec elle une matière plastique. On l'appelle PLATRE CRU. Lorsqu'on le chauffe dans un four , il perd son eau de combinaison et se trouve amené à l'état de PLATRE CUIT. Dans cet état , réduit en poudre et gâché avec son volume d'eau , il dégage de la chaleur et se prend , au bout de quelques instants, en une masse ferme qui devient très-dure et résistante. Mais le plâtre cuit reprend bientôt, dans l'air, l'eau que la calcination lui a fait perdre , et il ne peut plus faire prise avec l'eau quand on le gâche. On dit communément alors qu'il est *éventé*.

Le sulfate de chaux , malgré son peu de solubilité , existe en dissolution dans la plupart des eaux qui coulent à la surface de la terre ; les eaux de source , et surtout les eaux de puits des terrains calcaires, en sont, pour ainsi dire , saturées. Ces sortes d'eaux sont vulgairement aplées *dures* ou *crues*, parce qu'elles sont de difficile digestion , qu'elles ne peuvent cuire les légumes et dissoudre le savon , et parce qu'elles laissent une croûte épaisse sur les parois des vases dans lesquels on les évapore. Elles précipitent abondamment par l'oxalate d'ammoniaque et par le nitrate de baryte.

Les eaux de puits, chargées de sulfate de chaux , ne peuvent être employées pour l'arrosement des végétaux vivaces d'une longue existence ; l'expérience a démontré que ceux-ci , arrosés avec ces sortes d'eaux , poussent d'abord faiblement et finissent par mourir. Quant aux plantes annuelles , comme elles n'ont qu'une existence de peu de durée , et que d'ailleurs elles tirent par leurs feuilles la plus grande partie de leur nourriture , les arrosements qu'on leur donne avec des *eaux séléniteuses*, n'ont pas un grand inconvénient. Presque tous les puits de Paris de la rive gauche de la Seine contiennent beaucoup de sulfate de chaux , et les nombreux jardins légumiers qui sont situés dans cette partie de la ville ne sont pas arrosés par d'autres eaux. Les légumes ne paraissent pas en souffrir. Il est vrai que la grande quantité de fumier et de terreau , dont le sol de ces jardins est presque formé , peut corriger la mauvaise qualité des eaux.

J'ai dit ailleurs les moyens de rendre les eaux séléniteuses ou crues , propres à tous les besoins domestiques et du jardinage (1).

Phosphate de chaux. Un sel de chaux, beaucoup moins abondant dans le sol que les précédents , c'est le phosphate de chaux , qui presque toujours d'ailleurs est associé au phosphate de magnésie. Si ce sel n'est connu , à l'état de masses considérables ou de roches , que dans un fort petit nombre de localités, en revanche il est disséminé , en très-minimes proportions et en particules indiscernables , dans toutes les terres arables. Il y est surtout introduit par les débris organiques employés comme engrais. C'est , en effet , un des principes essentiels des organes mous et solides des animaux, notamment des os, qui en renferment plus des 2/5 de leur poids,

____

(1) *Mémoires de chimie appliqués à l'industrie , à l'agriculture , à la médecine et à l'économie domestique,* p. 328.—1 vol. in-8.—Rouen, 1839. Baudry.—Voir aussi le 77ᵉ cahier des travaux de la société centrale d'agriculture du département de la Seine-Inférieure ; trimestre d'avril 1840 , p. 132.

des liquides qui circulent dans l'économie (sang, lait, urine) ; les excréments de l'homme et des animaux en contiennent une quantité notable ; enfin il fait partie du tissu de presque toutes les plantes, et certaines d'entre elles, telles, entre autres, que les graminées, en sont richement pourvues.

Isolé, c'est une substance blanche, pulvérulente, insipide, inodore, complètement insoluble dans l'eau, mais très-soluble dans les liquides acides, d'où elle est précipitée par l'ammoniaque en excès sous forme de flocons gélatineux. La chaleur la plus forte ne l'altère pas.

MAGNÉSIE.

On donne ce nom à l'oxide du *magnesium*. Ce composé n'existe dans la nature qu'en combinaison, surtout avec les acides silicique et carbonique. Le carbonate de magnésie accompagne souvent le carbonate de chaux, et il communique au sol des propriétés toutes spéciales que j'indiquerai bientôt. —Le sulfate et le nitrate de magnésie sont fort souvent en dissolution dans les eaux de sources ou de fontaines. — Le phosphate de magnésie accompagne constamment le phosphate de chaux dans les *terres arables*, et on a trouvé ces deux phosphates dans toutes les eaux minérales où on les a cherchés. Comme le phosphate de chaux, celui de magnésie arrive au sol par l'emploi des urines, des excréments d'homme, des fumiers, qui en sont très-riches ; on le trouve aussi dans les plantes, mais il abonde surtout dans les céréales et notamment dans les semences, pour lesquelles il est tellement nécessaire, qu'elles ne peuvent se développer ni mûrir lorsque le sol en est dépourvu. D'après l'analyse de Théodore de Saussure, il n'y a pas moins de 44 parties 1/2 de phosphates de chaux et de magnésie dans 100 parties de cendres de graines de froment.

La MAGNÉSIE pure est une poudre blanche, douce au toucher, très-légère, inodore et insipide, à peine soluble dans l'eau et verdissant le sirop de violettes à la manière de la chaux. Elle attire assez promptement l'acide carbonique de l'air, se dissout dans tous les acides avec lesquels elle produit des sels remarquables par leur extrême amertume, et ne se dissout point dans les lessives alcalines. Elle est précipitée de ses dissolutions par le sous-phosphate d'ammoniaque, sous la forme d'une poudre blanche et grenue.

POTASSE.

La POTASSE, anciennement connue sous le nom d'*alcali végétal*, n'est pas plus un corps simple que les composés précédents, ainsi qu'on l'a cru pendant long-temps. C'est un oxide dont le métal a reçu le nom de *potassium*.

Cet oxide fait partie d'un grand nombre de roches et de minéraux, qui le renferment en combinaison avec les acides, et surtout avec l'acide silicique. Beaucoup de sels de potasse existent, en outre, dans les végétaux et les animaux, et aussi en dissolution dans les eaux.

Les cendres des végétaux qu'on a incinérés sont très-riches en sels de potasse, et surtout en carbonate de potasse qui leur communique la saveur âcre et urineuse qu'elles possèdent. Ce sel, très-soluble dans l'eau, constitue essentiellement la *lessive* qu'on obtient en laissant séjourner les cendres dans l'eau. Par l'évaporation de cette lessive jusqu'à siccité dans des fours, il reste une matière plus

ou moins blanche , très-caustique , en fragments irréguliers ; c'est du carbonate de potasse , qu'on appelle im-
proprement POTASSE dans le commerce. Cette matière
qui fait une vive effervescence avec les acides , qui attire
puissamment l'humidité de l'air et se résout alors en un
liquide oléagineux , qui verdit fortement le sirop de violettes et ramène au bleu le tournesol rouge , cède facilement son acide carbonique à la chaux , et fournit ainsi
l'OXIDE DE POTASSIUM pur , qui jouit au plus haut degré
de la solubilité dans l'eau , de la causticité , de la faculté
de modifier les couleurs de la violette et du tournesol , et
de saturer les acides pour former des sels solubles.

SOUDE.

La SOUDE , nommée anciennement *alcali minéral* , est
l'oxide du *sodium*. Comme la potasse , avec laquelle elle
offre beaucoup d'analogie , elle fait partie de nombre de
minéraux et de roches , où elle est associée à la silice , à
l'alumine , à la chaux , à la magnésie. Elle constitue beaucoup de sels qui existent dans les eaux , dans les plantes,
dans les animaux ; et son carbonate est le principe essentiel des cendres des végétaux qui vivent dans la mer
ou sur ses bords. C'est donc lui qui caractérise le produit
qu'on appelle SOUDE dans les arts , et avec lequel on
fabrique les lessives et les savons.

Le carbonate de soude et la soude pure ont les caractères alcalins de la potasse , c'est-à-dire la saveur âcre , la
causticité , la solubilité dans l'eau , l'action sur les couleurs bleues végétales , la faculté de s'unir avec énergie
aux acides et de faire disparaître leurs caractères. Seulement , tandis que la potasse s'humecte fortement et

promptement à l'air , la soude s'y dessèche ; tandis que la potasse , en s'unissant à l'huile d'olive , donne lieu à des savons mous , la soude , dans les mêmes circonstances, produit des savons durs.

Ces deux oxides métalliques , la potasse et la soude , sont ordinairement désignés sous le nom commun d'AL-CALIS , et l'on voit qu'ils diffèrent essentiellement par leurs principaux caractères des autres oxides métalliques , tels que l'alumine, la chaux , la magnésie , qui sont insolubles ou peu solubles dans l'eau , qui ont peu de saveur et une action nulle ou peu marquée sur les matières colorantes.

OXIDES DE FER ET DE MANGANÈSE.

Ces deux oxides sont très-répandus ; mais tandis que le premier est très-abondant , le second , qui l'accompagne presque toujours , est habituellement en fort petites proportions dans les roches qui les renferment.

L'OXIDE DE FER est généralement à l'état de *peroxide,* c'est-à-dire contenant tout l'oxigène qui peut entrer dans sa composition. Mais tantôt cet oxide est *anhydre* ou privé d'eau , et alors il a une couleur rouge ; tantôt il est à l'état d'*hydrate,* c'est-à-dire en combinaison avec l'eau , et alors il a une couleur jaune ou brune. Ce sont ces deux variétés de peroxide de fer qui colorent la plupart des pierres , des roches, des ocres , des argiles. Quelquefois c'est à l'état de carbonate que le fer existe dans les roches et les eaux qui circulent à la surface du sol. Dans tous les cas, les minerais ferrugineux sont facilement reconnus , parce que , dissous dans les acides , leur solution devient brune ou noire par l'addition d'une décoction de noix de galles , et fournit un beau précipité bleu par l'addition d'un réactif qu'on appelle *prussiate ferrugineux de potasse.*

L'OXIDE DE MANGANÈSE est brunâtre , insoluble dans l'eau comme le précédent , mais soluble dans les acides ; et , lorsqu'on le traite par l'acide hydrochlorique, il donne lieu au dégagement d'un gaz jaunâtre , à odeur très-forte et désagréable : ce gaz est ce qu'on appelle le CHLORE.

Les oxides de fer et de manganèse peuvent être considérés comme des principes purement accidentels des roches.

Tels sont les composés chimiques qui servent à constituer , par leur combinaison ou leur mélange , les différents minéraux terreux qui font partie des roches. Ces minéraux ne diffèrent , en effet , les uns des autres , le plus souvent , que par de légères variations dans les proportions de leurs principes constitutifs , ainsi que le démontre l'exemple suivant.

Le GRANITE , qui est une des roches composées les plus communes dans les terrains primordiaux , est formé par la réunion de trois espèces minérales , auxquelles on a donné les noms de QUARTZ , de FELSPATH et de MICA. — Le quartz, nous le savons maintenant , n'est autre chose que de la silice pure. Quant au felspath et au mica , voici comment ils sont composés :

<table>
<tr><td>FELSPATH.</td><td>Silice.
Alumine.
Potasse ou Soude.
Chaux.
Oxide de fer.</td><td>MICA.</td><td>Silice.
Alumine.
Potasse ou Soude.
Magnésie.
Oxide de fer.</td></tr>
</table>

C'est à-peu-près , comme on voit , la même composition. Il n'y a que les proportions des principaux composants qui varient.

Ainsi que je l'ai dit précédemment , c'est par la décomposition des roches qui se montrent à la surface du globe , que les SOLS ARABLES ont été formés. Cette décomposition a été opérée par l'action simultanée de l'air et de l'eau , qui , en attaquant chimiquement ou mécaniquement les divers éléments des roches , les ont peu-à-peu désunis, désagrégés , et réduits enfin à l'état de particules plus ou moins ténues , que les cours d'eau ont entraînées du haut ou du flanc des montagnes , et transportées dans les plaines où ces *galets* , ces *sables* , ces *poussières* minérales ont formé sur le sol des dépôts d'une certaine épaisseur.

La nature de ces dépôts varie autant que les couches géologiques qui ont contribué à leur formation par leur destruction plus ou moins rapide, plus ou moins complète. Ainsi , les débris des montagnes granitiques ont formé des terres mélangées de silice , d'alumine , de chaux , de magnésie , de potasse et d'oxide de fer ; les montagnes quartzeuses n'ont fourni que des sables siliceux ; les schistes argileux ont donné lieu à des limons presque entièrement formés d'argile ; les collines de craie ou les montagnes calcaires ont produit des dépôts calcaires.

Toutefois les débris des montagnes , entraînés par les eaux dans les bas-fonds , ne représentent pas toujours , dans les mêmes proportions , les principes essentiels des roches qui ont été attaquées et corrodées par les agents naturels. Cela tient à ce que ces différents principes n'ont pas la même densité et la même affinité pour l'eau. Dèslors on conçoit que , parvenus tous au même degré de ténuité , les uns ont dû se déposer très-promptement , tandis que les autres ont été entraînés beaucoup plus loin par le courant. C'est pour cette cause que la silice et l'oxide de fer prédominent dans les dépôts qui ont été formés en premier lieu , tandis que les argiles , la chaux, l'alumine , la magnésie se montrent successivement dans les dépôts plus éloignés de leur point d'origine.

La végétation , de son côté, a contribué à la formation des SOLS ARABLES ; car il s'est fait en grand ce que nous voyons arriver en petit à la surface de certains rochers qui , d'abord nus et stériles , se couvrent peu-à-peu de plantes , et finissent par devenir des terres très-productives. En effet , il s'établit d'abord sur ces rocs arides des mousses et des lichens , dont les racines déliées s'insinuent dans leurs moindres fissures et les font éclater par l'effort continu qu'elles exercent ; action destructive qui est encore favorisée par l'humidité, entretenue par ces petits végétaux , et par toutes les influences atmosphériques qui ne cessent d'agir. Dès que la surface du roc est entamée , la poussière minérale, mêlée aux débris de cette première végétation , constitue une première couche de terre propre à nourrir d'autres plantes plus fortes, mousses, lichens , graminées , qui prennent encore peu de nourriture au sol , mais qui ont une force plus puissante de disgrégation , et qui , par leurs débris plus considérables , augmentent sans cesse l'épaisseur du dépôt , et finissent par en faire un SOL ARABLE où , avec le temps , on parvient à y cultiver toutes sortes de végétaux.

Tel a été , nous devons le croire , le premier mode de formation du sol arable sur un grand nombre de terrains ; et si nous voyons encore aujourd'hui des roches à nu , c'est que leur situation abrupte a empêché l'établissement de toute végétation , ou a laissé successivement entraîner par les pluies , dans les lieux plus bas , le produit de la décomposition des roches et de la végétation des plantes. C'est pour cette raison que le sol des vallées est toujours plus profond , d'une épaisseur inégale et d'une composition très-variée , tandis que celui des plateaux offre peu de profondeur , mais beaucoup d'uniformité dans son épaisseur et sa composition (1).

L'homme a aussi concouru , pour sa part , à la formation du sol arable. A l'aide de l'épierrement et des labours , par des mélanges raisonnés de terres de nature différente , au moyen de détritus de plantes et d'excréments d'animaux , il a successivement modifié , changé , amélioré les propriétés du sol primitif et introduit dans sa composition de nouveaux principes , des substances salines , de l'humus , qui l'ont rendu propre à toutes les cultures. Aussi , peut-on dire avec Chaptal , que si la nature a préparé les sols , l'homme seul les a disposés de manière à les faire produire selon ses goûts et ses besoins (2).

L'épaisseur de la couche superficielle dans laquelle les plantes peuvent se développer , varie à l'infini , depuis quelques centimètres seulement , dans les mauvais sols , jusqu'à un mètre et plus , dans les sols de bonne qualité. Tout ce qui est au-dessous du sol agraire prend le nom de sous-sol. Le sous-sol n'est donc autre chose que la roche minérale dont la surface a été convertie peu-à-peu en terre arable par les diverses causes dont je viens de parler. Sa nature change à chaque instant d'une localité

(1) Héricart de Thury. — *Maison rustique.* t. 1. p. 21.
(2) Chaptal. — *Chimie appliquée à l'agriculture.* t. 1. p. 50.

à une autre, ce qu'il est très-utile de savoir reconnaître ; car le sous-sol exerce une grande influence sur les qualités du sol cultivable , et il n'est pas toujours indifférent d'opérer le mélange de ces deux parties si distinctes.

Après ces considérations générales sur la constitution géologique du globe et sur l'origine première des sols arables , nous pouvons aborder maintenant , et d'une manière toute spéciale , l'étude de ces sols. C'est ce que nous allons faire en passant successivement en revue leur composition chimique , leurs variétés , les caractères distinctifs de chacune d'elles , etc.

IIe §.—*Composition chimique des sols arables.*

Les terres propres à la culture ont été formées, comme nous le savons actuellement , par les détritus des roches superficielles. Il semble, d'après cela , que pour connaître la nature chimique de ces terres , il suffirait de savoir celle des roches qui leur ont donné naissance. Mais tant de causes diverses ont agi sur ces terres pour opérer le mélange des unes avec les autres ; le temps, les végétaux , l'homme enfin ont successivement apporté tant de modifications à leur constitution , que le caractère primitif de chacune d'elles a disparu, et qu'il faut les juger et les apprécier d'après leur état actuel.

Les sols arables offrent une grande diversité de composition chimique; mais les différences résident moins dans la nature même des éléments qui les constituent, que dans les proportions de ces mêmes éléments. En effet, presque tous renferment , comme principes essentiels, de la silice , de l'alumine, du carbonate de chaux. On y trouve aussi , mais comme principes accessoires , certains autres composés chimiques , tels que du carbonate de magnésie, des oxides de fer et de maganèse , des alcalis et des sels , notamment des nitrates , sulfates et phosphates de potasse , de chaux et de magnésie , des chlorures de potassium , de sodium , de calcium et de magnesium , et quelques autres matières minérales beaucoup plus rares. On y rencontre encore des cailloux , ou des sables de diverses natures , des débris non entièrement déformés de végétaux et d'animaux , et enfin une quantité très-variable d'une matière que l'on désigne sous le nom d'HUMUS ou de TERREAU.

Avant d'aller plus loin, disons , une fois pour toutes, ce que c'est que cette matière , dont je viens de prononcer le nom pour la première fois.

Cet HUMUS , qu'il ne faut pas confondre avec la TERRE VÉGÉTALE , est le premier produit ou du moins le résultat actuel de la décomposition des végétaux. Tous les ans , les feuilles qui tombent des arbres ou qui se détachent des plantes herbacées , l'écorce qui s'exfolie , les organes des fleurs qui se dessèchent , les racines et les tiges qui meurent , les enveloppes des fruits qui gisent sur le sol , se détruisent peu-à-peu , sous l'influence réunie de l'air, de l'eau et de la chaleur , et se transforment en une matière noire , onctueuse au toucher , pouvant perdre par la dessiccation l'eau qu'elle a absorbée , et brûler alors en répandant une odeur végétale ou animale. Eh bien ! c'est là l'HUMUS ou le TERREAU.

Ce qui caractérise chimiquement l'HUMUS , c'est un principe noirâtre , insoluble ou presqu'insoluble dans l'eau , qu'on a nommé *ulmine* , *géine* , *acide humique* ou *ulmique*. Cet acide qui , lorsqu'il est pur , est noir, solide, insipide , inodore , et qui a l'aspect du jayet , est très-soluble dans les alcalis. En voici la preuve. Si on traite du terreau par une légère dissolution de potasse , le liquide se colore fortement en brun , acquiert de la consistance et mousse par l'agitation. Si , après avoir filtré le liquide , on y verse un léger excès d'acide faible , il se précipite d'abondants flocons d'un brun rougeâtre. C'est là *l'acide ulmique* , dont une énorme quantité peut se dissoudre dans une très-petite proportion d'alcali. Or , puisque l'humus est presqu'entièrement composé par cet acide, il s'ensuit que l'acide ulmique peut être considéré comme un précieux engrais , on pourrait dire comme l'engrais par excellence. Ce n'est pas ici le lieu d'examiner comment il intervient dans la nutrition des plantes ; il suffit d'avoir démontré sa présence dans le terreau.

Mais par quelles réactions chimiques se produit-il , par suite de l'altération des matières végétales , au contact de l'air humide ? Ce n'est qu'en étudiant la manière dont le bois ou ligneux se comporte au contact de l'air et de l'eau , et en comparant la composition du bois sec et du bois pourri ou changé en humus , qu'on peut s'en rendre compte.

Le bois humide , abandonné dans l'air , transforme, sans en changer le volume , l'oxigène ambiant en acide carbonique , perd une certaine quantité d'eau , et se convertit peu-à-peu en cette matière brune , noire ou brun-jaunâtre , très-peu cohérente , qu'on appelle *pourri* , *humus* ou *ulmine*.

Suivant les expériences de Th. de Saussure , 240 parties de copeaux de chêne secs ont transformé 20 centimètres cubes d'oxigène en un volume égal d'acide carbonique , contenant 3 parties de carbone. Or , le poids des copeaux s'est trouvé diminué de 15 parties ; il s'était donc séparé, en outre des éléments du bois , 12 parties d'eau.

Si , lorsque le bois est converti en humus, on examine sa composition , on trouve qu'il renferme alors plus de carbone que primitivement.

Le bois de chêne , séché à $+$ 100° , et purifié de toutes les matières solubles dans l'eau et l'esprit de vin , renferme , d'après Gaylussac et Thénard ,

52 , 50 de carbone ,
Et 47 , 50 d'hydrogène et d'oxigène , dans les rapports de l'eau.

Des analyses de bois de chêne pourri ont démontré qu'il contient :

54 à 56 de carbone ,
Et 46 à 44 des éléments de l'eau.

Ainsi , comme on le voit , le bois pourri renferme plus de carbone et moins des éléments de l'eau que le bois sain. Cela provient de ce que l'oxigène de l'air enlève peu-à-peu de l'hydrogène au bois pour former de l'eau qui se dégage , tandis que pendant cette oxidation , une certaine partie de l'oxigène du bois , en s'unissant à du carbone de cette même substance , se sépare sous forme d'acide carbonique. Ainsi , peu-à-peu , par suite de ces deux effets, la proportion du carbone, propre au bois , devient de plus en plus prédominante par rapport aux autres éléments, jusqu'à ce que tout soit changé en *acide ulmique* qui renferme, sur 100 parties :

        58 de carbone,
        42 d'eau ou de ses éléments.

Le TERREAU ou l'HUMUS doit être considéré comme de la terre à laquelle se trouve mélangé de l'acide ulmique dans un état d'extrême division. Par conséquent, c'est un mélange d'acide ulmique et de matières minérales désagrégées.

La conversion des matières végétales en humus est toujours fort lente à s'effectuer. Elle est accélérée par une température élevée et le libre contact de l'air ; elle est, au contraire, ralentie ou entravée par l'absence de l'humidité et par le contact d'une atmosphère d'acide carbonique qui, en environnant les particules ligneuses, les empêche ainsi de rencontrer l'oxigène. Les matières antiseptiques et les acides arrêtent également la pourriture de la fibre ligneuse, tandis que les alcalis et les terres alcalines la favorisent. Dans un sol argileux, bien compacte, l'humidité, l'une des conditions nécessaires à la pourriture des matières végétales qu'il renferme, se maintient le plus long-temps ; mais la rencontre de l'air s'y trouve interceptée par la consistance même du terrain ; aussi la transformation de ces matières en humus est-elle fort long-temps à se produire. Dans un sol sablonneux et humide, au contraire, et mieux encore dans un terrain composé à la fois de calcaire et de sable, la pourriture procède beaucoup plus rapidement, par suite de l'arrivée facile de l'air et du contact des matières organiques avec la chaux (1).

(1) Liebig.—*Chimie organique appliquée à la physiologie végétale et à l'agriculture*, p. 318.

Ingenhouz

Ingenhouz et Th. de Saussure nous ont appris comment le terreau agit sur l'air. Dans un vase rempli de ce fluide, le terreau humide enlève à l'air, bien plus rapidement encore que le bois pourri, tout l'oxigène, et le remplace par un même volume d'acide carbonique. Si l'on remplace celui-ci par de l'air pur, le même phénomène se reproduit.

L'eau froide dissout environ 1/10,000 du poids du terreau. La dissolution est incolore et limpide, et elle donne par l'évaporation un résidu renfermant du sel marin, des traces de sulfate de chaux et de la potasse, noircissant un peu par la calcination.—L'eau bouillante se colore en jaune ou en brun jaunâtre par son contact avec le terreau. La solution colorée donne par l'évaporation un résidu qui noircit par la calcination, et qui renferme du carbonate de potasse.—Les acides attaquent à peine le terreau, mais les alcalis le dissolvent presque complètement en prenant une couleur très-foncée. Puisque l'acide ulmique est insoluble dans l'eau par lui-même, mais au contraire trèssoluble dans les alcalis, il s'ensuit que si l'eau bouillante se charge d'une certaine proportion des principes du terreau, cela tient à la présence des sels alcalins dans le terreau, qui donne de la solubilité à l'acide ulmique.

Lorsqu'on distille le terreau, il donne les mêmes produits que le bois, mais dans d'autres rapports, comme le montrent les expériences de Th. de Saussure, qui de 10 grammes 60 de terreau de bois de chêne, et de la même quantité de bon bois de chêne, a obtenu :

	Du terreau.	Du bois de chêne.
	centimètres cubes.	
Gaz hydrogène carboné.	2456	2298
Gaz acide carbonique.	675	575

Eau tenant en dissolution de	Grammes.	
l'acétate d'ammoniaque. .	2, 81	4, 24
Huile empyreumatique . .	0,550	0,689
Charbon	2,703	2,203
Cendres	0,424	0, 27

Il y avait moins d'ammoniaque dans les 4 gr. 24 d'eau provenant du bois de chêne , que dans les 2 gr. 81 d'eau provenant du terreau (1).

Ainsi , à poids égaux , le terreau , comme on le voit encore ici , contient plus de charbon que les végétaux dont il provient. Il fournit aussi plus d'ammoniaque , et , par conséquent , il contient plus d'azote.

Lorsqu'on examine le gaz qui sort d'une terre riche en humus , on y rencontre toujours une assez forte proportion d'hydrogène carboné : ce gaz se dégage aussi en abondance de la vase des marais, des fossés qui , comme on sait , est un engrais assez énergique. Or , la présence constante de cet hydrogène carboné ne peut manquer d'avoir une influence notable sur la végétation , soit directement , soit indirectement ; et il est très-probable que c'est par lui qu'une partie du carbone , nécessaire à l'accroissement des plantes, entre dans le tissu végétal (2).

L'humus est produit continuellement à la surface de la terre ; il se mélange aux matières terreuses qui constituent le sol , et il est la cause principale de leur fertilité. Le sol des forêts est celui qui en contient le plus. Peu abondant dans les terres médiocres , il existe en quantité très-marquée dans les terres très-fertiles ; et, comme

(1) Th. de Saussure. — *Recherches sur la végétation* , p. 162.

(2) Persoz. — *Introduction à la chimie moléculaire* , p. 549.

le dit Bosc , il est si éminemment propre à de nouvelles productions végétales, qu'on est fondé à le regarder comme le principe véritablement actif de toutes les terres arables. Cet humus est sans cesse renouvelé par les fumiers et les autres engrais que le cultivateur enfouit dans le sol.

Quand la décomposition des plantes s'opère , non à l'air libre , mais sous l'eau , il en résulte une variété d'humus, qu'on connaît sous le nom de TOURBE. J'en parlerai plus tard.

Les éléments principaux des sols arables sont , d'après tout ce qui précède , au nombre de quatre , à savoir :

Le SABLE (souvent silice presque pure) ,

L'ARGILE (silicate d'alumine) ,

Le CALCAIRE (carbonate de chaux) ,

L'HUMUS (matières organiques décomposées).

Ces matières , mélangées en différentes proportions , forment la variété des sols ; et , selon que l'une ou l'autre des trois premières substances prédomine dans la masse de la terre arable , on distingue trois principales espèces de SOLS , auxquels on donne les noms spéciaux de SOLS SABLEUX , SOLS ARGILEUX , SOLS CALCAIRES.

Isolément , le sable , l'argile ou le calcaire ne peut être la base d'une bonne culture ; mais , par le mélange de ces substances , les vices de l'une sont corrigés par les qualités de l'autre , et le meilleur sol est celui qui réunit le plus de propriétés dans son mélange terreux pour faciliter la végétation. Chacune de ces trois substances minérales remplit des fonctions différentes , et influe singulièrement sur les qualités du sol.

« On peut considérer l'ARGILE , dit M. Drappier (1) ,

____

(1) Drappier. — *Annales générales des sciences physiques.* — Bruxelles. 1819. — t. 1. p. 308.

comme la véritable assiette du terrain ; c'est elle qui, par sa compacité, retient entre ses parties les divers engrais qui, sans cela, s'infiltreraient aussitôt et seraient perdus pour les couches supérieures ; elle sert encore à fixer avec force les racines et à empêcher les plantes de céder à la violence des vents. Mais cette compacité, que peuvent bien maîtriser quelques grands végétaux, devient un obstacle au développement des plantes plus faibles : d'abord leur germination s'effectue avec beaucoup de peine; ensuite les racines ne peuvent, malgré tous leurs efforts, séparer les molécules de l'argile pour obéir à la loi d'accroissement qui est commune à tous les êtres organisés. Il faut donc qu'un autre corps favorise la tendance naturelle qu'ont les racines de s'allonger en tout sens, et le besoin qu'elles éprouvent d'aller au-devant d'une nourriture qui ne se régénère point dans l'espace qu'elles ont épuisé. Ce corps est la SILICE ou le QUARTZ dont les parties, une fois divisées et réduites à l'état de SABLE, ne peuvent plus, comme celles de l'ARGILE, recouvrer leur adhérence première. Ce sable, par son interposition, atténue la force d'adhésion des parties argileuses.

» L'ARGILE se laisse difficilement pénétrer par l'eau, que l'on retrouve presque toujours stagnante sur ses couches ; le SABLE la laisse filtrer, mais ne s'en pénètre point. Quel corps peut donc l'absorber, la retenir pendant assez long-temps pour que l'humidité puisse être uniformément répandue dans un terrain, et même être cédée à l'argile dans un temps de sécheresse ? Ce troisième corps est le CALCAIRE qui, en outre, a encore la propriété d'augmenter la finesse et l'onctuosité des terres par l'extrême ténuité de ses molécules, et de conserver long-temps la chaleur qu'elle a reçue des rayons solaires ; cette chaleur qu'augmente encore l'humectation qui favorise l'espèce de fermentation où le végétal puise la vie.

» Telles sont les conséquences auxquelles conduit l'application de la théorie chimique à la composition des terres de culture. »

On va voir que ces spéculations théoriques sont confirmées par l'expérience en petit et en grand.

Voici une série d'expériences faites par M. Drappier sur du sable, de l'argile et du calcaire, pris dans leur plus grand état de pureté.

1. Deux grammes de bon froment furent semés , le 1er octobre , dans une couche de sable pur, de 4 décimètres de hauteur , déposé dans un baquet qui fut enterré à moitié dans le sol et dans un espace bien aéré. Vingt jours après, les graines commencèrent à germer ; bientôt les plantes se développèrent : elles se nourrirent parfaitement bien tout l'hiver ; mais , au mois d'avril , les vents de nord-est ayant totalement desséché le sable , toutes périrent.

2. Même expérience sur de l'argile pure. Les graines germèrent un peu plus tard que dans le sable ; les plantes se développèrent avec peine , restèrent long-temps languissantes , et pourrirent dans le courant de janvier et de février.

3. Même expérience avec le calcaire. Les graines germèrent et pourrirent presque aussitôt.

4. Mélange de parties égales de sable et d'argile. — Les graines germèrent et les plantes se développèrent parfaitement ; les chaumes s'élevèrent lentement vers le commencement de mai ; à la mi-juin les épis fleurirent

et se desséchèrent presque immédiatement , sans produire de graines.

5. Mélange de parties égales de sable et de calcaire. — Même résultat que dans l'expérience précédente ; seulement les épis se desséchèrent avant la floraison.

6. Mélange de parties égales d'argile et de calcaire. — Les graines germèrent , se développèrent d'abord assez bien ; mais elles pourrirent dans le courant de janvier.

7. Deux parties de sable et une d'argile.—Résultat semblable à celui de l'expérience 4.

8. Deux parties de sable et une de calcaire.—Même résultat à-peu-près que dans l'expérience 4.

9. Deux parties d'argile et une partie de calcaire.—Les graines pourrirent la plupart avant la germination , et quelques-unes après.

10. Deux parties de sable , deux de calcaire et une d'argile.—La germination, le développement et l'accroissement furent plus tardifs que d'ordinaire ; l'élévation , la floraison et la fructification ne s'opérèrent que très-imparfaitement ; ce n'est que dans les derniers jours de septembre que les épis, jugés mûrs , furent séparés du chaume ; ils donnèrent 17 gram. 15 centig. de graines maigres et peu renflées.

11. Trois parties de sable , une de calcaire et une d'argile.—Mêmes observations pour le développement de la végétation. Récolte : 11 gram. 20 centig. de graines très-pauvres en farine.

12. Trois parties d'argile , une de calcaire et une de sable.—Végétation assez vigoureuse. Récolte : près de 20 gram. d'un blé assez rond.

13. Parties égales des trois matières terreuses.—Ger-

mination prompte , développement parfait , belle élévation du chaume , formation de l'épi , floraison et fructification complètes. Récolte : 23 gram. 81 centig. de graines
assez maigres.

14. Mêmes quantités que dans l'expérience précédente,
en ajoutant au mélange 2 centièmes de poudre de tourteau de colza.—Germination prompte , développement
rapide , enfin les conditions d'une bonne végétation , épis
gros et bien garnis , graines renflées et de qualité supérieure. Récolte : 37 gram. 21 centig. de graines.

15. Mêmes quantités des trois terres avec 2 centièmes
de tourteau de colza et 2 arrosements à époques différentes avec la gadoue.—Le résultat fut une végétation des
plus grandes , un accroissement considérable. Le produit
de la récolte a surpassé toute attente ; il fut de 51 gram.
22 centig. , ce qui fait un peu plus de 25 pour 1. Cette
observation est tout en faveur de la gadoue que l'on regarde en divers pays comme le meilleur engrais pour les
plantes céréales et potagères.

Les expériences précédentes, toutes minutieuses qu'elles
paraîtront au premier coup-d'œil , mettent sur la voie et
suffisent pour donner la connaissance des éléments nécessaires pour arriver à une bonne culture. Les expériences que
je vais décrire actuellement ont été faites sur des pièces de
terre d'un demi-hectare d'étendue, les plus variées et les
moins distantes possibles , après une année de jachère,
avec des quantités et qualités égales d'engrais (6 voitures
attelées de 6 chevaux), et par des hommes sûrs et zélés.

Chaque demi-hectare fut partagé en 3 parties égales.

La 1re partie fut ensemencée avec 25 kilog. de froment.

La 2e partie . . . . 25 . . de seigle.

La 3e partie . . . . 25 . . d'avoine.

1re TERRE.

Composition : Sable , 60.—Argile , 25.—Calcaire , 15.

Récolte. {Graines : Froment, 54 k.—Seigle, 172 k.—Avoine, 87 k.
{Paille : Froment, 258 k.—Seigle, 1342 k.—Avoine, 163 k.

2e TERRE.

Composition : Sable , 15.—Argile , 20.—Calcaire, 65.

Récolte. {Graines : Froment, 47 k.—Seigle , 104 k.—Avoine, 55 k.
{Paille : Froment, 27 k.—Seigle, 782 k.—Avoine, 167 k.

3e TERRE.

Composition : Sable, 52.—Argile , 10.—Calcaire, 38.

Récolte. {Graines : Froment, 52 k.—Seigle , 201 k.—Avoine, 57 k.
{Paille : Froment, 262 k.—Seigle, 1420 k.—Avoine, 142 k.

4e TERRE.

Composition : Sable , 20.—Argile, 65.—Calcaire, 15.

Récolte. {Graines : Froment, 108 k.—Seigle, 162 k.—Avoine, 123 k.
{Paille : Froment, 446 k.—Seigle, 1302 k.—Avoine, 580 k.

5e TERRE.

Composition : Sable , 45.—Argile , 35.—Calcaire, 30.

Récolte. {Graines : Froment, 290 k.—Seigle, 458 k.—Avoine, 246 k.
{Paille : Froment, 1080 k.—Seigle, 1280 k.—Avoine, 810 k.

Ces expériences, que l'on peut qualifier de grande culture, confirment parfaitement l'opinion qu'on a dû se former, par suite des expériences en petit, sur les avantages qu'offre un terrain composé des trois éléments terreux dans des proportions presque égales.

M. Drappier a voulu constater si une surabondance d'engrais peut suppléer à ce qu'il manquerait de l'un ou de l'autre de ces éléments à une terre pour qu'elle se rapprochât des proportions égales; enfin, ce qu'il faudrait de ces mêmes engrais pour rendre également productifs des terrains où dominerait notablement soit l'argile, soit le sable, soit le calcaire, et celui où le mélange de ces principes serait convenablement approprié. En conséquence, dans deux terres semblables à la deuxième, qui fut la plus désavantageuse, on a doublé et triplé la quantité d'engrais , c'est-à-dire qu'après avoir divisé le 1/2 hectare en 3 parties., sur l'une on a répandu 2 voitures de fumier, sur la seconde 4 voitures et sur la troisième 6. Ces expériences qui marchaient comparativement avec les autres , mais qui n'avaient lieu seulement que pour le froment, ont donné pour résultats :

1° Avec 2 voitures de fumier , 47 k. de grains, et 27 k. de paille.
2° Avec 4 voitures . . . 132. 728
3° Avec 6 voitures . . . 240. 1,032

Les deux séries d'expériences que je viens de rapporter, font bien ressortir tous les avantages qu'il y a pour le cultivateur à posséder des terres qui contiennent les trois éléments terreux dans des proportions égales. Les faits suivants , que j'emprunte encore à M. Drappier , ne sont pas moins concluants. Je les cite , parce que dans l'objet qui nous occupe, le raisonnement ne saurait être étayé de trop de preuves.

Une pièce de terre stérile ne trouvait pas d'acquéreur. M. Drappier ayant reconnu que la terre , fine et douce au toucher , paraissait éminemment argilo-calcaire , conséquemment susceptible d'être amendée , en fit l'acquisition. Elle comprenait un peu plus d'un hectare. S'étant assuré par l'analyse chimique que le sable seul manquait aux proportions convenables , le chimiste-agronome fit d'abord charrier sur le terrain 100 voitures de cette matière, que trois labours , donnés à vingt jours de distance , suffirent pour mêlanger uniformément avec le sol et les engrais accoutumés. Le froment qu'il y sema rapporta , au grand étonnement des cultivateurs , 100 pour 1. Les années suivantes , l'amendement fut conduit jusqu'au point qu'il devait atteindre, et les cultures bien dirigées et bien alternées, continuèrent à procurer d'abondantes récoltes sur ce terrain jadis si pauvre, et qui exigeait une année de jachère sur deux.

Un fermier, dont ce fait avait ébranlé l'incrédulité, conduisit M. Drappier sur une terre très-calcaire dont il n'avait jamais su tirer un bon parti. L'analyse chimique étant faite, M. Drappier conseilla au propriétaire d'amender avec l'argile et le sable, ce dernier en proportion double de l'autre. Le résultat justifia les espérances du chimiste; car ce terrain, ainsi amendé, devint, avec une quantité d'engrais moindre que celle que l'on y employait antérieurement, l'un des plus productifs du canton.

Un autre cultivateur avait fondé de grandes espérances sur un terrain marécageux qui, avant son défrichement, semblait promettre une terre de la plus riche culture. La première année fut passable, mais insensiblement le terrain s'appauvrit au point qu'après 3 ou 4 ans, il ne produisit presque plus rien; les engrais qu'on lui donnait étaient en pure perte. L'aspect de la terre était noirâtre; ses parties un peu adhérentes et rudes au toucher, la plaçaient au rang des terres légères et sablonneuses. L'analyse chimique ayant démontré l'absence de l'argile et du calcaire, on amenda avec de la marne que l'on trouva en creusant à 4 mètres, et avec de l'argile que l'on se procura dans un champ du voisinage. Depuis cette régénération du terrain, on y sema alternativement des céréales et des racines ou des fourrages, et toujours les récoltes furent abondantes.

Il ressort bien évidemment de tous ces faits de pratique et des expériences que j'ai rapportées précédemment :

1º Que pour qu'un terrain possède toutes les qualités désirables, il faut certaines proportions de sable, d'argile et de calcaire ;

2º Que les proportions les meilleures paraissent être des quantités presqu'égales de ces trois substances ;

3º Que la fertilité diminue en proportion de ce que l'une ou l'autre prédomine, et qu'elle devient presque nulle dans le cas où le mélange ne présente plus que les propriétés d'une seule ;

4º Enfin, que l'amendement des terres l'une par l'autre, jusqu'à ce que les trois substances soient en quantités presqu'égales, apporte une économie considérable dans l'emploi des engrais, et est un des moyens les plus avantageux pour arriver sûrement à l'entière abolition des jachères et à la formation de terrains éminemment fertiles.

Il est bien entendu que le mélange pur et simple des trois substances minérales ne peut suffire pour assurer une bonne culture. Il faut, outre ces bases principales, de l'humus ou terreau, c'est-à-dire des engrais. Ceux-ci fournissent aux plantes, outre les matières gazeuses provenant de leur décomposition lente et continue, tels que l'acide carbonique, l'hydrogène carboné, l'ammoniaque, etc., des sucs ou des dissolutions très-chargés de principes carbonés et azotés, et de plus des matières salines qui ont une action bien marquée et incontestable sur la végétation. Ces substances salines sont absorbées par les racines, charriées dans les vaisseaux au moyen de l'eau qui les tient en dissolution, et déposées dans les différents organes. Aussi, lorsqu'on vient à décomposer les plantes par le feu, lorsqu'on les incinère, elles laissent toutes un résidu d'apparence terreuse, qui représente toutes les matières inorganiques absorbées pendant la vie. Ce résidu est ce qu'on appelle les CENDRES.

Ces substances minérales ne sont pas accidentelles dans les plantes ; elles leur sont nécessaires, et chaque espèce de plantes, pour ainsi dire, semble exiger pour son entier développement des sels d'une nature particulière, et en quantités variables. C'est ainsi, par exemple, que les plantes marines et maritimes végètent mal dans un sol où il n'y a pas de sel marin, tandis que ce sel est nuisible au blé et aux autres céréales dans les proportions où il convient à l'accroissement des premières. Ces mêmes plantes céréales exigent impérieusement la présence des phosphates alcalins et terreux et du silicate de potasse dans le sol pour y donner d'abondants produits. Le trèfle, la luzerne et autres légumineuses ne croissent bien que dans les terrains qui renferment du plâtre, et l'on sait que cette substance ne produit aucun effet sur un grand nombre d'autres plantes. La bourrache, le grand-soleil, la pariétaire, les orties, etc., n'ont de vigueur que dans les terres salpêtrées, etc.

Ces matières salines sont introduites dans les plantes à l'état de solution ; elles ne sont point décomposées. Si l'on fait végéter des plantes de polygonum dans de l'eau chargée d'une petite quantité de chlorure de potassium, on retrouvera dans les plantes développées tout le chlorure de potassium qui aura été absorbé.

Mais, suivant la nature du sol, les mêmes plantes contiennent des sels de diverse nature et en quantités très-différentes. Ainsi les plantes qui croissent sur les bords de la mer sont très-riches en sels de soude, tandis que celles qui croissent dans l'intérieur des terres contiennent beaucoup de sels à base de potasse. Th. de Saussure a de même observé une grande différence dans la nature des cendres des mêmes végétaux crûs dans des terrains calcaires ou siliceux , comme le montre le tableau suivant :

		Carbonate de chaux.	Silice.
Feuilles de rhododendron	crû dans un sol calcaire ,	43,25	0,75
	crû dans un sol siliceux ,	16,75	2,00
Tiges de rhododendron	crû dans un sol calcaire ,	39,00	0,50
	crû dans un sol siliceux ,	29,00	19,00
Myrtile	crû dans un sol calcaire ,	42,00	0,50
	crû dans un sol siliceux ,	29,00	1,00
Feuilles de sapin	crû dans un sol calcaire ,	43,50	2,50
	crû dans un sol siliceux ,	22,00	5,00

Le tournesol, cultivé dans un terrain qui ne renferme pas de nitre , n'en présente pas lui-même ; mais si on l'arrose avec une dissolution de nitre , il en contient abondamment.

Toutes ces substances salines ou minérales qu'on trouve dans les organes des plantes , viennent manifestement du sol , et ne sont point créées par l'acte de la végétation dans les tissus mêmes des plantes , ainsi que l'ont prétendu , avec si peu de raison , quelques naturalistes. Elles sont absolument nécessaires au développement des plantes, puisque les semences , les oignons , les racines qu'on fait germer et végéter sur des substances qui ne cèdent rien , comme le soufre , le verre , le sable , etc. , donnent des plantes qui fleurissent , mais qui périssent incontinent après , sans porter de fruits. Ces matières minérales sont des auxiliaires puissants de la nutrition ; elles donnent aux tissus organiques , et principalement aux feuilles , la faculté de décomposer plus fortement l'acide carbonique de l'air , pour s'en approprier le carbone ; elles communiquent plus de consistance aux parties vertes , les rendent plus fermes, plus épaisses, et leur donnent une plus grande force d'inspiration. Les organes du végétal ont besoin d'être excités , et ces matières minérales , de même que la chaleur , agissent sur eux comme stimulants ; elles sont, en un mot , pour les plantes , ce que les épiceries et le sel marin sont pour l'estomac de l'homme. Et , en raison de leur puissante action , on conçoit que le sol arable n'a pas besoin d'en contenir une grande proportion ; effectivement il n'en renferme jamais que des quantités infinitésimales.

IIIᵉ §. — *Classification des sols arables.*

Maintenant que nous savons dans quelles proportions doivent se trouver les trois éléments terreux pour qu'un SOL ARABLE soit dans les meilleures conditions de fertilité , que nous connaissons le rôle particulier de chacun de ces éléments , il est convenable de passer en revue les différentes espèces de SOLS que la nature nous offre et sur lesquelles l'agriculteur opère. Déjà j'ai dit que toutes les terres cultivables peuvent être partagées en trois grandes classes : les SOLS ARGILEUX , les SOLS SABLEUX et les SOLS CALCAIRES. Chacune de ces classes renferme plusieurs variétés utiles à distinguer. Voici la classification la plus simple que l'on peut établir à cet égard.

I.—SOLS ARGILEUX.	Sols d'argile purs. argilo-ferrugineux. argilo-calcaires. argilo-sableux.	Terres fortes. Terres franches.

II.—SOLS SABLEUX.
{ Sols de sable pur.
  sablo-argileux.
  quartzeux ; graveleux et graniti-
    ques.
  volcaniques.
  sablo-argilo-ferrugineux.
  Terre de bruyères.

III. SOLS CALCAIRES.
{ Sables calcaires.
  Sols crayeux.
  tuffeux.
  marneux.

APPENDICE.

IV. SOLS MAGNÉSIENS.

V. SOLS TOURBEUX.
{ Terrains tourbeux, proprement dits.
  marécageux.

Je vais exposer brièvement les caractères distinctifs de ces différentes variétés de sols.

I.—DES SOLS ARGILEUX.

Les sols argileux ou glaiseux sont ceux dans lesquels l'argile prédomine, et qui, par conséquent, possèdent des caractères analogues à ceux que nous avons reconnus aux argiles pures.

Ces sols offrent donc les propriétés suivantes :

1. Ils sont plus ou moins colorés en brun, en jaune ou en rouge.

2. Ils ont l'odeur et la saveur des argiles ; ils happent à la langue.

3. Ils ont beaucoup de compacité et de ténacité ; aussi, quand on en prend une certaine quantité dans la main, la masse s'agglomère et garde long-temps la forme qu'on lui a donnée.

4. Ils présentent de très-larges crevasses durant les sé-cheresses. Ils se couvrent d'eau pendant les pluies, et adhèrent très-fortement aux pieds ainsi qu'à tous les instruments aratoires.

5. Après le labour et le premier hersage, ils restent en mottes ou tranches consistantes et en sillons informes, comme l'indique la figure ci-jointe.

6. Secs, ils absorbent l'eau en assez grande quantité, souvent deux fois leur poids, pour former une pâte liante et ductile.

7. Quand on met un fragment de terre argileuse dans un acide, tel que l'acide sulfurique étendu de 2 parties d'eau, ce fragment ne produit pas d'effervescence, ou n'en produit qu'une très-faible.

8. Quand on place un fragment de terre argileuse au milieu des charbons ardents, il durcit peu-à-peu; et au bout d'une heure d'une forte chauffe, il est devenu com-pacte et sonore comme de la poterie, et dans cet état, il ne peut plus absorber l'eau, ni se délayer.

9. Peu de plantes croissent spontanément sur les sols argileux. Voici celles qu'on y rencontre ordinairement:

Sureau yèble.	Lotier corniculé.
Laitue vireuse.	Orobe tubéreux.
Tussilage pas-d'âne.	Agrostide traçante.
Chicorée sauvage.	

Tels

Tels sont les principaux caractères des sols argileux. Ces caractères sont d'autant plus prononcés, que la proportion d'argile qu'ils renferment est plus considérable.

Ces sols argileux offrent, dans la pratique, d'assez nombreux inconvénients. Je n'indiquerai que les principaux.

1. Composés de molécules qui ont une grande force d'agrégation, ils sont plus que tout autre sol rebelles à la culture. Un des meilleurs moyens de les rendre productifs, c'est de les labourer fréquemment et de les diviser par tous les moyens possibles. C'est surtout à l'égard de ces terres qu'on peut dire, jusqu'à un certain point, *labour vaut fumier*. Les labours doivent être profonds, car presque toujours la couche cultivable a beaucoup d'épaisseur. Mais pour être labourés, les sols argileux exigent et plus de force et un temps plus propice que les autres ; il faut saisir le moment où la charrue peut y entrer sans qu'une excessive humidité fasse agglomérer les parois de la tranche au lieu de les diviser, et où cependant la terre ne soit pas trop dure par suite de la sécheresse. Le labour fait, il faut souvent avoir recours, pour diviser les mottes, non-seulement à la herse, mais encore aux rouleaux à pointes, à des cylindres très-pesants et à l'extirpateur, aux maillets et aux autres outils à main.

2. Leur compacité les rend très-peu perméables aux eaux ; aussi faut-il avoir le soin de les couper de tranchées, de fossés et de rigoles profondes, afin de les bien assainir. Les positions basses ne leur conviennent donc pas. D'un autre côté, quand ils manquent d'eau, ils deviennent excessivement compactes et durs, ils compriment les racines, les empêchent de s'étendre et de jouir de la bienfaisante action de l'air, ce qui arrête la végétation et fait presque toujours périr les plantes.

4

3. Tous les amendements susceptibles de bien diviser le
sol leur sont bons. Le sable, les graviers, les marnes calcaires, la chaux, les cendres, les plâtras de démolition
remplissent très-bien ce but et peuvent être employés avec
succès. La chaux surtout réussit à merveille. Les récoltes
enfouies produisent aussi un excellent effet, parce qu'elles
sont à-la-fois des engrais et des amendements. Les fumiers
longs de litière présentent le même avantage.

4. Les sols argileux s'approprient très-bien les engrais,
mais ils ne les cèdent aux plantes, que lorsqu'ils en ont
en surabondance, et au-delà de la quantité essentielle. Il
faut donc une plus grande quantité d'engrais pour obtenir
un effet apparent sur ces sortes de sol que sur tout autre ;
mais aussi, lorsqu'ils ont été une fois bien pourvus de sucs
nutritifs, ils conservent plus long-temps leur fécondité. Les
fumiers, dans ces sols argileux, ne peuvent être appliqués
à la superficie, car ils sont entraînés en grande partie hors
du champ par les eaux, sans que celui-ci en profite.

5. On ne nettoie les terrains argileux de chiendent qu'a-
vec une extrême difficulté.

6. Toutes les circonstances précédentes rendent leur culture beaucoup plus coûteuse, beaucoup plus difficile, et
en général beaucoup moins profitable que celle des sols légers ou d'une consistance moyenne, d'autant plus qu'humides et froids pendant la plus grande partie de l'année,
ils donnent des produits tardifs et fort souvent de qualité
médiocre.

7. Les herbes naturelles qu'ils produisent sont grossières
et peu succulentes ; ils sont peu convenables aux prairies
artificielles, aux légumes, à la plupart des récoltes-racines,
et généralement aux plantes à racines bulbeuses ou à tuber-

cules, qui y acquièrent du volume, mais qui sont peu nourrissantes et savoureuses. Il en est de même des fruits.

Ils sont également peu favorables à la production de plusieurs espèces de froments de printemps, du seigle, de l'orge, de l'avoine, mais en revanche ils sont très-propres à la culture des fèves, des choux, du trèfle, et aucun ne peut les surpasser dans celle des froments d'automne ; aussi dans beaucoup d'endroits sont-ils, par cette raison, désignés sous le nom de *terres à froment*. Les arbres y donnent des bois moins durs, moins sains et conséquemment de moindre prix que partout ailleurs ; ils y sont plus impressionnables aux fâcheux effets des fortes gelées et de diverses maladies.

Mais tous les sols argileux ne possèdent pas au même degré les mêmes propriétés et les mêmes défauts, parce que tous n'ont pas absolument la même composition. Ainsi, il y en a dans lesquels l'argile est associée à une plus ou moins grande proportion de sable, de calcaire ou d'oxide de fer, qui nécessairement modifient beaucoup leurs propriétés. Disons quelques mots de ces variétés du sol argileux.

A. TERRES ARGILO-FERRUGINEUSES. Ce sont celles qui renferment une forte proportion d'oxide de fer, et qui sont fortement colorées en jaune-brun, quand l'oxide métallique y est à l'état d'*hydrate*, ou en rouge-brun, quand il y est à l'état *anhydre*. Quand on laisse séjourner un échantillon de semblables terres dans l'acide hydrochlorique étendu, elles colorent fortement le liquide en jaune rougeâtre, au bout d'un certain temps, sans perdre sensiblement de leur volume et sans manifester aucun autre phénomène apparent, et la liqueur très-étendue d'eau fournit un beau précipité bleu abondant avec le réactif qu'on appelle *prussiate ferrugineux de potasse.*

Ces sortes de terres sont ou tout-à-fait impropres ou du moins fort peu favorables à la culture, à moins qu'elles ne renferment beaucoup de matières organiques. Tel est le cas de deux sortes de terres arables qui ont été analysées, l'une par M. Berthier, l'autre par moi.

La première est une terre de l'île de Cuba dans laquelle on cultive avec un grand succès la canne à sucre, le café et le tabac. Elle est rouge et ressemble à un minerai de fer terreux. On n'y distingue pas de parties pierreuses, mais on y voit des débris de végétaux qui paraissent provenir de cannes à sucre. Elle exhale une odeur désagréable, analogue à celle des crottes de mouton. Elle fait pâte avec l'eau, et cette pâte en se desséchant prend du retrait sans se fendiller, et acquiert beaucoup de ténacité. Ce serait une matière excellente pour faire des poteries rouges à l'antique. Voici sa composition :

Petits fragments de calcaire blanc. . . . . } Débris végétaux. . . . }	séparables par le lavage. . .	0,2
	Eau et matières organiques. .	25,9
	Argile.	50,6
Terre ténue.	Peroxide de fer.	14,0
	Oxide de manganèse.	1,0
	Calcaire.	8,0

$$\overline{99,7} \quad (1)$$

La terre argilo-ferrugineuse que j'ai analysée, est une terre d'alluvion d'une des îles de la Seine en amont de Rouen, vis-à-vis le territoire de la commune de Belbeuf. M. Mauger, ancien teinturier, a cultivé, il y a quelques années, dans cette terre, avec un plein succès, la garance

(1) *Mémoires de M. Berthier.* 1839. p. 236.

qui a fourni d'excellentes racines (1). Voici sa composition:

Elle contient 9,8 p. °/₀ d'eau d'interposition. Séchée à 100°, elle renferme :

Sable fin. { Siliceux. 11,28
            { Calcaire. 6,77

Débris organiques grossiers et coquilles. 1,00

Matières solubles dans l'eau. { Humus soluble azoté. . . 0,47
                              { Carbonates et chlorures alcalins. . . . . . . } 0,58 } . . . 0,85
                              { Sulfates alcalins et sels magnésiens. . . . . }

Terre ténue. { Humus insoluble. 17,30
             { Argile. 34,60
             { Calcaire avec carbonate de magnésie. . . 12,18
             { Peróxide de fer. 16,02
                                                            ──────
                                                            100,00

B) TERRES ARGILO-CALCAIRES. Ce sont celles qui renferment une proportion notable de carbonate de chaux ; aussi font-elles une effervescence sensible avec les acides, et la liqueur qu'on obtient fournit un précipité blanc plus ou moins abondant avec l'oxalate d'ammoniaque. Elles sont de plusieurs sortes et peuvent présenter divers degrés de fertilité.

Tantôt le calcaire y est disséminé sous forme de sable ou de très-petits graviers, et alors elles offrent beaucoup d'analogie, sous le point de vue pratique, avec les TERRES ARGILO-SABLEUSES, dont je vais parler dans un instant.

Tantôt le calcaire, en parcelles invisibles, est intimement mélangé à l'argile, aussi la masse est-elle homogène dans toutes ses parties. Elles constituent alors ce qu'on appelle les ARGILES MARNEUSES. Ces sortes de terrains con-

(1) *Mémoire sur la culture des plantes tinctoriales en Normandie.*— 77ᵉ cahier des travaux de la Société centrale d'agriculture de la Seine-Inférieure, trimestre d'avril 1840. p. 128.

servent les eaux de pluie, autant au moins et plus peut-être que les argiles pures. Ils s'en pénètrent si facilement et à des profondeurs telles, qu'il n'est pas rare de les voir réduits en une sorte de bouillie, jusqu'au-delà de la portée des plus longues racines des plantes qui les couvrent. C'est assez dire que dans les années pluvieuses, on ne peut guère compter sur leurs produits. Le sarrasin, les pommes de terre, les navets, les vesces, etc., sont, avec le blé, les meilleures plantes à y cultiver.

Il arrive quelquefois que les ARGILES MARNEUSES servent de sous-sol à des sables presque purs. De deux terres à-peu-près improductives, il est alors possible, sans de grands frais, de composer un excellent sol, puisqu'il suffit de les mêler et d'attendre un ou deux ans les effets quelquefois prodigieux d'un tel amendement. (Oscar Leclerc-Thouin.)

Depuis les argiles qui contiennent une faible quantité de carbonate de chaux, jusqu'à celles qui perdent ce nom pour prendre celui de *terres calcaires* proprement dites, il existe une foule de nuances impossibles à décrire utilement.

Voici l'analyse de quelques argiles marneuses.

	Terre végétale de Parigny, près de Pougues (Nièvre) (1).	Argiles marneuses analysées par Chaptal (2).		
		1re	2e	3e
Argile,	60,8	68	60	64
Calcaire,	18,0	10	11	9
Carbonate de magnésie,	»	3	4	»
Oxide de fer,	4,0	2	3	3
Sable,	5,0	17	22	19
Eau,	11,0	»	»	»
	98,8	100	100	100

(1) *Mémoires de M. Berthier.* 1839. p.

(2) *Chimie appliquée à l'agriculture.* t. 1, p. 81.

Voici les plantes qui croissent spontanément sur les terrains argilo-calcaires, et qui peuvent jusqu'à un certain point les faire reconnaître :

Anthyllide vulnéraire.	Laitue vireuse.
Potentille ansérine.	Sainfoin cultivé.
rampante	Chondrille joncée.
Mélique bleue.	Frêne commun.

C. TERRES ARGILO-SABLEUSES. Ce sont celles qui contiennent une proportion notable de silice ou de sable mélangé à l'argile, et qu'on peut en extraire facilement en agitant une certaine quantité de la terre dans l'eau pendant quelques minutes. Le sable, plus lourd, se précipite au fond du vase, et l'argile reste en suspension dans le liquide qu'on fait écouler. Après plusieurs lavages, le sable est pur. On le reconnaît pour sable siliceux ou quartzeux, en ce qu'il est insoluble dans l'acide hydrochlorique et ne fait point avec lui d'effervescence.

Dans la pratique, on distingue les terres argilo-sableuses en TERRES FORTES et en TERRES FRANCHES.

1° Les TERRES FORTES, au point de vue de la pratique, ont beaucoup de rapport avec les terres argilo-calcaires, et, comme celles-ci, elles sont généralement plus difficiles et plus coûteuses à cultiver que la plupart des autres ; elles constituent surtout ce qu'on nomme des *terres froides*, lorsqu'elles sont dans des positions basses et abritées. Elles donnent des produits de médiocre qualité, dont la récolte est souvent fort précaire, au moins dans les départements du nord et du centre de la France. Les fèves, les trèfles, les turneps, les choux sont les meilleures plantes à y cultiver. On a souvent plus d'avantage à les planter en arbres ; les bois blancs y viennent très-bien.

Voici quelques analyses de TERRES FORTES.

*Terre produisant , année commune , d'assez beaux froments ,
analysée par M. Oscar Leclere-Thouin (1).*

Echantillons pris dans deux parties différentes
du même champ.

	Nº 1.	Nº 2.
Argile	50	49,5
Sable quartzeux	29	24,0
Calcaire , dû en partie à l'usage fréquent de la chaux	16	18,0
Humus	5	8,5
	100	100,0

Terre des environs de Bernay (Eure) , analysée par M. Dubuc père (2).

Eau	25
Argile un peu ferrugineuse	34
Sable fin	32
Calcaire ,	
Oxide de fer ,	} 9
Débris végétaux ,	
	100

2º Les TERRES FRANCHES sont moins lourdes et moins
froides que les précédentes, et elles se rapprochent beaucoup , tant par la composition que par la fertilité , des
terres sablo-argileuses dont je vais bientôt parler. Elles
conviennent au plus grand nombre des végétaux usuels, et
elles ont rarement besoin d'amendements , parce que les
trois éléments terreux y sont dans des proportions presqu'égales. Elles contiennent de 10 à 40 p. % de calcaire.

(1) *Maison rustique.* t. 1. p. 26.

(2) 14ᵉ cahier des travaux de la Société centrale d'agriculture de la
Seine-Inférieure , trimestre d'avril 1824. p. 11.

Une terre franche, très-fertile, de Suède, a fourni à Bergmann (1) :

Sable grossier. 30
Argile 40
Calcaire. 30
                                     ———
                                     100

Terre de la vallée d'Auge (canton de Pont-l'Evêque , Calvados),
analysée par M. Dubuc père (2).

Cette terre , remarquable par sa fertilité, contient :

  Argile un peu magnésienne. 40,0
  Sable grossier brunâtre. 25,0
  Chaux combinée à l'humus. 12,5
  Eau interposée. 20,0
  Débris de végétaux , oxide de fer. 2,5
                                               ———
                                               100,0

II.—DES SOLS SABLEUX.

Les sols sableux ou siliceux sont ceux dans lesquels,
comme l'indique leur nom , le sable prédomine. Ils ont
des caractères absolument opposés à ceux des sols argileux.

1. Leur couleur et leur aspect varient suivant la nature
du sable qui les constitue essentiellement. Ils sont le plus
souvent jaunâtres ou brunâtres , parfois d'un blanc plus
ou moins pur, qui leur donne au premier abord l'apparence de terres calcaires.

2. Ils n'ont aucune consistance , presqu'aucune ténacité
dans leurs parties ; aussi lorsqu'on en presse une certaine

(1) Chaptal. *Chimie appliquée à l'agriculture.* t. 1. p. 55.
(2) *Précis de l'Académie de Rouen pour* 1835. p. 67.

quantité dans la main, la masse s'agglomère mal, ses parties ne contractent entre elles qu'une faible adhérence, ou restent pulvérulentes ou facilement divisibles entre les doigts.

3. Ils sont rudes au toucher et n'adhèrent point à la langue.

4. Ils sont très-perméables et ne peuvent retenir l'eau; ils sont donc toujours très-secs, comparativement à tous les autres terrains, à moins qu'au-dessous de la couche cultivable peu épaisse, il n'y ait, ainsi que cela arrive quelquefois, une couche d'argile.

5. Ils s'échauffent facilement au soleil, et sont toujours arides et brûlants en été.

6. Ils ne contractent nulle adhérence aux pieds et aux instruments aratoires.

7. Après le labour et le premier hersage, ils restent pulvérulents, en grains sans adhérence, et offrent à peine des traces de sillons, comme le montre la figure ci-jointe:

8. Ils se délaient facilement dans l'eau, sans former de pâte avec elle, ou du moins ils ne produisent qu'une pâte courte et non ductile.

9. Une terre sableuse, délayée dans l'eau, laisse déposer, en moins d'une minute, une très-forte proportion de sable plus ou moins divisé qu'il est facile de séparer des autres matériaux de la terre par quelques lavages.

10. Une terre semblable ne fait pas d'effervescence ou n'en fait qu'une très-légère avec les acides. Elle y est presqu'insoluble.

11. La chaleur la dessèche sans la durcir. Elle devient très-friable et pulvérulente.

12. Les plantes qui se développent spontanément et couvrent habituellement les terrains sablonneux sont les suivantes:

Jasione des montagnes.	Drave printanière.	Œillet armérie.
Elyme des sables.	Orpin âcre.	Œillet des Chartreux.
Statice des sables.	Orpin blanc.	Alysse calicinale.
Laiche des sables.	Ciste hélianthème	Carline vulgaire.
Roseau des sables.	moucheté.	Réséda jaune.
Fléole des sables.	Anémone pulsatille.	Plantain corne de cerf.
Saule des sables.	Oseille petite.	Géranion sanguin.
Sabline pourpre à	Agrostide des vents.	Genêt d'Angleterre.
feuilles menues.	Véronique en épi.	
Canche	Saxifrage tridactyle.	Bouleau commun.
blanchâtre.	Filago des champs.	Châtaignier commun.
Fétuque rouge.	Spergule des champs.	

Les SOLS SABLEUX offrent, dans la pratique, le grand inconvénient de se dessécher très-rapidement et de devenir arides en été; aussi faut-il chercher, par tous les moyens possibles, à retenir l'humidité entre leurs parties.

On y parvient en les amendant avec des argiles marneuses, en employant pour engrais les fumiers de cours, ceux des bêtes à cornes, et les récoltes vertes. Lorsque le sous-sol est argileux, ce qui arrive assez fréquemment, on trouve un grand avantage à le défoncer et à le ramener ainsi à la surface. On donne, par ce moyen, à la couche cultivable, une plus grande profondeur qui favorise pour plusieurs années et d'une manière surprenante la croissance de la plupart des végétaux et surtout des plantes à racines pivotantes, telles que luzerne, sainfoin, carottes, betteraves, turneps, etc. La culture des sols sableux est très-facile et peu coûteuse, en raison du peu de cohérence de leurs parties; ils n'exigent pas des labours aussi fréquents que les autres, parce qu'ils sont facilement pénétrés par les gaz atmosphériques et par les racines. Il est vrai que les mauvaises herbes y germent et s'y multiplient à l'infini, mais aussi il est bien plus aisé de les détruire que dans les sols argileux. Le déchaussement des plantes, par suite du gel et du dégel, est moins fréquent dans ces sortes de terres. Les produits y sont plutôt mûrs.

Quand les terrains légers et sablonneux sont convenablement amendés et engraissés, ils sont propres à la culture de toutes les espèces d'herbages et de grains; et s'ils sont inférieurs peut-être aux terres fortes et argileuses dans la production du froment, ils surpassent celles-ci, dans celle de l'orge, du seigle et de l'avoine. Ils conviennent mieux aux plantes bulbeuses et à tubercules qu'aux plantes à racines fibreuses.

Parmi les plantes qui doivent fixer l'attention du cultivateur des sables, la pomme de terre est en première ligne; son produit est considérable et bien connu, mais toujours en raison des soins qu'on donne au terrain qui la nourrit. Comme plantes fourragères, le trèfle et la luzerne sont celles qui lui assurent une récolte certaine. Cette dernière surtout, par la disposition de ses racines pivotantes, qui s'enfoncent souvent à plus d'un mètre de profondeur, souffre rarement des sécheresses auxquelles ces terrains sont exposés.

Les espèces d'arbres propres à former des taillis dans les sols sableux sont : le bouleau, le hêtre, le charme, même le châtaignier et le chêne, si ces sables sont fins et profonds. On y plante le premier de ces arbres, et on y sème les autres. Mais avant tout, il convient que le terrain soit en culture depuis quelques années, qu'on le dispose par des labours profonds, et que l'on ajoute aux plantations ou aux semis de ces arbres des semis de joncs-marins. Le mélange de cet arbrisseau aux plantations a l'avantage d'y entretenir une humidité bienfaisante, en ombrageant le sol de ses branches et en empêchant toute espèce d'herbe d'y croître, et il protège les jeunes plantes contre les sécheresses, si communes dans les terrains dont nous parlons. Outre ces avantages, le jonc-marin jouit encore de la précieuse qualité d'améliorer sensiblement les terrains dans lesquels il croît, en y déposant une grande quantité d'humus produit par les débris de ses rameaux et la décomposition de ses racines. Les terres dans lesquelles il a existé des joncs-marins pendant un certain nombre d'années, remises de nouveau en culture, produisent d'abondantes récoltes pendant plusieurs années, sans le secours des engrais. Des calculs exacts, fondés sur des faits, prouvent que des terrains ensemencés de joncs-marins, produisent un revenu net qui est au moins égal à celui d'un bon sol. — Pour les plantations de haute futaie dans les sables arides, le pin maritime ou de Bordeaux, le pin d'Écosse ou sylvestre, le peuplier blanc ou ipreau, le châtaignier et le cerisier sont à peu près les seules espèces à adopter. Les nombreuses plantations d'ipreau, faites par M. Dubreuil père, dans les sables arides de la rive gauche de la Seine, en face de Rouen, prouvent par leur succès que le peuplier blanc est tout aussi propre que les espèces résineuses à l'exploitation de ces sortes de sols (1).

Examinons maintenant en particulier les principales variétés des SOLS SABLEUX :

LES TERRES SABLO-ARGILEUSES. Elles ne diffèrent des TERRES FRANCHES OU ARGILO-SABLEUSES que parce que la proportion du sable qu'elles contiennent l'emporte sur celle de l'argile. Ces deux sortes de terres passent, du reste, de l'une à l'autre par des nuances insensibles, et ce n'est qu'autant que le sable est très-prédominant qu'on peut distinguer aisément les premières ; elles ont toujours alors un toucher plus rude et moins d'adhérence que les terres franches, et les pluies les rendent moins boueuses que celles-ci.

Les terres sablo-argileuses sont, sans contredit, les terres les plus fertiles, et les plus faciles à cultiver. Tous les engrais leur conviennent. On les reconnaît à leur couleur foncée, qui est celle du terreau dont l'abondance fait dominer la couleur. On trouve ces terres dans quelques vallées renommées par leur fertilité et sur les rives de quelques rivières ; on les trouve dans les jardins des grandes villes et dans les potagers qui les environnent. — Ce sont surtout les alluvions récentes, sujettes aux inondations, qui offrent la plus grande fécondité. Cela provient de ce que les inondations les recouvrent d'une couche souvent très-épaisse d'un limon onctueux, doux au toucher, qui contient en forte proportion de l'argile ou du calcaire très-divisé, toujours beaucoup de matières organiques à divers degrés de

(1) Dubreuil. — *Observations sur la manière d'employer le plus utilement les terrains siliceux et calcaires du département de la Seine-Inférieure.* Séance publique de la Société centrale d'agriculture de Rouen, de 1822. p. 24. t. 2. année 1824.

décomposition. Les bords du Nil, les rives de la Loire, les prairies des bords de la Seine, et en général toutes les îles submersibles sont remarquables par leur prodigieuse fécondité.

Voici la composition chimique de plusieurs terres sablo-argileuses (1):

Sable grossier 64
Argile . . . . [illegible]
Calcaire 25
——
100

Sol formé par les alluvions de la Loire (2).

Sable 52
Argile . . . . [illegible]
Calcaire . . . . [illegible]
Débris végétaux 7
——
100

Sol très-fertile de Drayton, dans le Middlesex (3).

Sable siliceux 60
Terre ténue 40
——
100

La terre ténue est ainsi composée:

Alumine 29
Silice 32
Calcaire 28
Eau et humus 11
——
100

(1) Chaptal.—*Chimie appliquée à l'agriculture*, t. Ier, p. 57.

(2) Chaptal.—*loc. citat.*, p. 57.

(3) Davy.—*Chimie agricole*, t. II, p. 211.

Terre du Lieuvoin , dans la Haute-Normandie , 1re qualité (1).

Sable siliceux rosé très-fin.	50
Alumine.	16
Chaux.	12,5
Eau.	12
Humus.	2,5
Magnésie , chlorure de calcium , oxide de fer , Fibres végétales , sel marin ,	7,0
	100,0

Terre éminemment propre à la culture du safran , des environs de Puiseaux (Loiret) (2).

Silice et sable quartzeux.	45,4
Calcaire	37,0
Alumine	9,3
Oxide de fer	2,0
Eau et matières organiques.	6,3
	100,0

Terre d'Ormesson , près Nemours (Seine-et-Marne) , très-fertile et cultivée en froment (3).

Sable quartzeux à grains moyens. . .	15,0
— très-fin.	41,5
Argile	31,6
Peroxide de fer.	4,4
Calcaire	0,5
Eau et humus	7,0
	100,0

La contrée de Saint-Germain-de-Laxis , près Melun (Seine-et-Marne), passe pour être une des plus fertiles

(1) Dubuc père.—*Précis de l'Académie de Rouen pour 1826 , p. 67.*
(2) Berthier.—*Mémoires de chimie. 1839. p. 289.*
(3) Berthier.—*Ibid. 1839. p. 293.*

de

de la Brie. Elle est propre à toutes les cultures , principalement à celle des céréales , des prairies artificielles et des betteraves. Les arbres à fruit y viennent bien , surtout les pommiers et les poiriers. Le sol labourable a de 4 à 7 décimètres de profondeur et repose sur de la pierre meulière. Il y a deux sortes de terre :

La *terre commune* qui occupe les portions les plus élevées du plateau , et dans laquelle on récolte des céréales ;

La *terre pourrie* qui se trouve dans les bas-fonds et qui produit des prairies artificielles, des betteraves, du lin, etc. Comme elle a beaucoup de fond , on y plante des peupliers, des saules , des frênes , etc. , qui poussent avec une très-grande rapidité.

Voici la composition de ces terres :

| | Terre commune. | | Terre pourrie. |
	1ʳᵉ qualité.	2ᵉ qualité.	
Gros sable quartzeux....	14,0	10,0	6,0
Sable très-fin quartzeux. .	52,5	67,5	33,8
Argile.	21,0	15,0	44,4
Peroxide de fer.	4,5	3,6	4,7
Calcaire.	2,9	5,0	1,5
Matières organiques.			6,0
Eau ,	6,0	3,0	3,6
	100,0	100,0	100,0

Les terres de Saint-Germain-de-Laxis ont à-la-fois la propriété d'absorber beaucoup d'eau et d'être très-meubles , et facilement perméables aux racines , ce qui explique leur grande fécondité. La *terre commune de première qualité* diffère très-peu par sa composition de la terre d'Ormesson , cependant elle est beaucoup plus fertile que cette dernière. Cela dépend principalement de ce que le sable quartzeux de la terre de Saint-Germain est bien plus fin que celui de la terre d'Ormesson.—La *terre pourrie* est riche en humus et en argile, aussi elle ne se dessèche que fort lentement.

Voici, enfin, la composition d'une terre de la commune de Franqueville près Rouen, dans laquelle M. Mauger a cultivé de la garance. Cette terre contient 3 p. % d'eau d'interposition. Séchée à + 100°, elle renferme :

Gros graviers siliceux. 10,80
Sable moyen siliceux, ... 6,40
Sable fin siliceux. 59,56

Matières solubles dans l'eau. .
{ Humus soluble azoté. . . 0,25 }
{ Carbonates et chlorures alcalins , }
{ Sulfates de chaux en forte proportion , } 0,40 } . . . 0,63

Terre ténue.
{ Humus insoluble. 2,00
{ Argile. 18,52
{ Calcaire. 1,05
{ Peroxide de fer. 1,04
$$\overline{}$$
100,00 (1)

B. TERRES QUARTZEUSES OU GRAVELEUSES ET GRANITIQUES.

On donne le nom de QUARTZEUX aux sols qui sont composés en majeure partie de fragments plus ou moins volumineux de quartz ou de silice.

On appelle GRAVELEUX ceux qui sont formés par de petites pierres roulées de la grosseur d'une noisette. Mais ces pierres ne sont pas toutes de même nature : selon la constitution géologique des montagnes dont elles ont été détachées, elles sont tantôt siliceuses, tantôt argileuses, tantôt calcaires. Toutefois les graviers siliceux prédominent toujours dans la masse.

Les TERRES GRANITIQUES sont formées par un sable argi-

___

(1) *Mémoire sur la culture des plantes tinctoriales*, inséré dans le 77e cahier des travaux de la Société centrale d'agriculture de la Seine-Inférieure, p. 128.

leux très-aride par lui-même , qui est le résultat de la destruction et de l'altération des roches granitiques. ,

Ces trois variétés de sols qui ont , sous le point de vue
de la culture , beaucoup d'analogie , sont bien inférieures
aux terres sablo-argileuses , surtout les terres quartzeuses
qu'on ne peut guère utiliser que pour des plantations.

Voici la composition d'une terre graveleuse , toujours
cultivée en bois. C'est celle du parc Gauthier , dans les environs de Puiseaux (Loiret) , analysée par M. Berthier (1).

Silice et sable quartzeux.	78,5
Alumine.	11,0
Calcaire.	1,0
Peroxide de fer.	5,0
Eau et matières organiques.	6,5
	100,0

On voit que pour amender cette terre , il suffirait d'y
ajouter environ la moitié de son poids de calcaire en
poudre.

C. Les TERRES VOLCANIQUES sont les débris d'anciens
volcans , ou le produit des éruptions de laves modernes ,
qu'on ne rencontre que dans quelques localités. Ce sont généralement des terres légères , noires ou noirâtres , souvent
pulvérulentes , qui jouissent d'une étonnante fertilité , surtout lorsqu'on peut leur procurer en été une humidité suffisante. « Le sol des environs du Vésuve peut être considéré
» comme le type des terrains fertiles ; suivant que la pro-
» portion d'argile ou de sable y diminue, le degré de fer-
» tilité décroît. Son origine ignée ne permet pas d'y sup-
» poser la moindre trace de matière végétale ; et pourtant

(1) Berthier.—*Mémoires de chimie.* 1839. p. 255.

» tout le monde sait que si les cendres volcaniques sont
» restées soumises pendant quelque temps aux influences
» de l'air et de l'humidité, tous les végétaux y arrivent
» au plus haut point de prospérité. Or, il faut attribuer cet
» effet aux alcalis que ce sol renferme, et qui, par la dé-
» sagrégation de la roche, deviennent peu-à-peu aptes à
» l'assimilation. » (1)

D. TERRES SABLO-ARGILO-FERRUGINEUSES. Ces sortes de
terres, en raison de leur couleur foncée, de leur tendance
à s'agglomérer en espèce de poudingues plus ou moins
compactes, et de l'abondance du peroxide de fer qu'elles
contiennent, sont très-arides et peu propres aux cultures
ordinaires. La meilleure manière d'en tirer parti, c'est de
les planter en bouleaux et en châtaigniers.

E. TERRES DE BRUYÈRES. Ces terres consistent en sable
fin, plus ou moins ferrugineux, associé à une proportion
assez notable de terreau ou d'humus. C'est à ce terreau
qu'elles doivent la couleur foncée qui les caractérise.
Très-utiles et préférables à toutes les autres pour le jardinage, elles n'offrent que fort peu d'avantages pour la
grande culture, parce qu'elles ont rarement assez de consistance et de profondeur, et que d'ailleurs elles sont très-
humides en hiver en raison de la couche d'argile qui les
supporte presque toujours, tandis qu'elles sont très-arides
en été. Les vastes landes de la Bretagne, de la Sologne, de
la Gironde, nous offrent des terres de cette nature dont on
ne tire pas un bien grand parti.

Voici, d'après M. Berthier, la composition d'une terre

(1) Liebig.—*Chimie organique appliquée à la physiologie végétale et à
l'agriculture.* p. 148.

de bruyères des environs de Paris. C'est celle que l'on emploie pour les jardins du Luxembourg. Pour la préparer , on la réduit en poudre en battant les mottes avec une masse de bois, et on en sépare à la main toutes les tiges et les grosses racines.

	1er échantillon.	2e échantillon.
Racines moyennes et petites.	2,5	2,5
Radicules et terreau.	7,8	2,8
Terreau.	4,3	8,0
Sable quartzeux et argile.	85,4	86,7
	100,0	100,0

On conçoit d'ailleurs que la matière organique doit s'y trouver en proportion très-variable.

Cette terre a beaucoup de rapport avec la tourbe par l'ensemble de ses propriétés. Elle se prend en masse brune, fendillée, par la dessiccation. L'ammoniaque en dissout une assez grande proportion ; la potasse en dissout plus encore. Enfin, lorsqu'on la traite par l'ammoniaque, après l'avoir lavée avec de l'acide hydrochlorique, il s'en dissout autant que dans la potasse (1).

F. SOLS DE SABLE PUR. On rencontre des sols entièrement composés de sable. Telles sont les *dunes* ou monticules qui bordent les rivages de la mer ; telles sont certaines plaines de sable mouvant, comme, par exemple, celles qui existent sur les côtes méridionales de l'Océan. Ces sols , rebelles à la culture, sont malheureusement trop communs.

III.—DES SOLS CALCAIRES.

Les SOLS CALCAIRES sont ceux dans lesquels la proportion

(1) Berthier. *Mémoires de chimie.* 1839. p. 150.

du carbonate de chaux l'emporte de beaucoup sur celle des autres éléments terreux. Voici leurs principaux caractères distinctifs.

1. Ils ont, en général, une couleur blanchâtre.

2. Ils offrent peu de ténacité et sont assez friables ; aussi quand on en presse une certaine quantité dans la main ; la masse forme une pelotte qui ne tarde pas à se désagréger et à tomber en petits fragments.

3. Ils sont généralement secs et arides , parce que , peu profonds, ils reposent sur une couche de tuf ou de banc calcaire ; qui absorbe très-rapidement l'humidité des couches supérieures. Les pluies les rendent plus ou moins boueux ; et , lorsqu'ils se sèchent , la masse s'agglomère à la surface en une croûte plus ou moins épaisse qui , quoique très-friable ; réunit au désavantage de se fendiller comme les argiles , celui de ne se laisser traverser ni par l'air , ni par les pluies peu durables.

4. Humides , ils s'attachent aux pieds et aux instruments; mais cette adhérence est de courte durée.

5. Après le labour et le premier hersage , ils se comportent d'une manière qui tient le milieu entre les sols argileux et les sols sableux.

6. Ils se délaient facilement dans l'eau, et forment une pâte courte et peu ductile.

7. Ils font une très-vive effervescence avec les acides , et se dissolvent pour la plus grande partie dans l'acide hydrochlorique.

8. La chaleur les dessèche , sans les durcir. Par une forte calcination , ils acquièrent de la causticité ; et quand

on les arrose ensuite d'eau , ils s'échauffent plus ou moins et se délitent.

9. Voici les plantes principales qui croissent spontanément à leur surface et qui les caractérisent :

Brunelle à grandes fleurs.	Globulaire commune.	
Bocage saxifrage.	Noisetier commun.	
Germandrée petit chêne.	Violette de Rouen.	
Potentille printannière.	Neottia spiralis,	sur les côtes crayeuses et sur les pentes des vallées.
Seslerie bleuâtre.	Parnassie des marais,	

Les sols calcaires sont, en général, peu productifs. Leur couleur blanche reflète des rayons solaires qui ne peuvent pénétrer la masse du sol, d'où résulte à la surface une réverbération brûlante, double effet également nuisible à la végétation. Les gelées les soulèvent de toutes parts , et déterminent très-facilement le déchaussement des racines, ce qui entraîne habituellement la mort des tiges.

Ils consomment très-rapidement les engrais, aussi exigent-ils des fumures plus fréquentes que les autres sols. Voilà pourquoi on les appelle *brûlants*. Ce n'est qu'à force d'engrais qu'on parvient à en obtenir des produits satisfaisants.

M. Oscar Leclerc-Thouin recommande avec raison , comme une très-bonne pratique , de creuser au bas de chaque champ , le long des chemins d'exploitation , partout où les eaux pluviales se dirigent , des fossés ou des mares destinées à recevoir les terreaux et les bonnes terres entraînés pendant les temps d'averses et d'orages. On fait de ces dépôts des amas plus ou moins considérables qu'on mêle ensuite avec des engrais solides ou liquides , et on obtient ainsi des compôts excellents pour toutes les cultures (1).

Les sols calcaires du département de la Seine-Inférieure existent surtout sur les pentes plus ou moins rapides qui longent le cours des rivières, et surtout de la Seine. Partout où on répand les engrais en grande quantité, on est assuré d'y faire croître des plantes herbacées, céréales ou fourragères; mais lorsque le cultivateur ne peut accorder à ces sortes de terrains qu'une dose ordinaire d'engrais, comme ils ne peuvent rien produire par eux-mêmes, les frais ne sont jamais couverts par les produits; et lorsqu'on obtient une récolte passable à la suite d'un défrichement, cela est dû à un peu d'humus qui provient de la petite couche de gazon qu'on a renversée; les effets cessent bientôt en même temps que la cause.—Dans les gorges et les pentes peu rapides qui forment la base des collines calcaires, toujours enrichies d'un peu d'humus que les eaux entraînent du sommet, il faut de préférence y cultiver la *bourgogne* (hedysarum onobrychis) comme prairie artificielle.—Les pentes rapides doivent être consacrées à des prairies naturelles composées de plantes vivaces fourragères, qui ne redoutent point la stérilité de ce terrain, comme la coronille variée, le trèfle flexueux, deux plantes aussi rustiques que propres à la nourriture des bestiaux.— Les points les plus élevés de ces collines doivent être convertis en plantations avec des espèces d'arbres appropriés à leur sol. L'arbre de Sainte-Lucie, le merisier des bois, le faux ébénier, l'arbre de Judée, l'aune commun, peuvent entrer dans la composition des taillis; l'if et le cyprès

____

(1) *Maison rustique.* t. 1. p. 34.

peuvent en varier les nuances.—Quant au sommet de ces collines , où le terrain calcaire se trouve déjà un peu mélangé à celui des fertiles campagnes qui les dominent ; le pin d'Ecosse et surtout l'épicéa sont les arbres qu'il faut de préférence y faire venir (1).

Les variétés des sols calcaires sont en petit nombre.

A. SABLES CALCAIRES. Ils offrent beaucoup d'analogie , sous le point de vue de la culture, avec les SOLS GRAVELEUX. Ils présentent , toutefois , plus d'avantages que ceux-ci , par la raison qu'ils finissent à la longue , par l'effet des pluies, des gelées et du soleil, par se changer en une terre calcaire pulvérulente presque toujours mélangée d'argile. Ces sortes de sols légers et poreux sont très-propres à la culture du sainfoin , et , lorsqu'ils sont convenablement fumés , ils peuvent fournir de bonnes récoltes en seigle , orge et avoine. Ils conviennent à la culture de la vigne.

B. SOLS CRAYEUX. Très-communs dans la Champagne et dans une partie de la Haute-Normandie, ces sols sont à-peu-près stériles , à moins de frais considérables de culture. C'est surtout dans ces sortes de terres qu'il faut multiplier les prairies artificielles, afin de les améliorer. Voici l'analyse du sol crayeux des environs de Rouen.

	1er échantillon.	2e échantillon.	3e échantillon.
Carbonate de chaux. . . .	85,40	90,0	96,0
Silice.	10,00	2,40	»
Alumine.	1,50	6,50	1,80
Oxide de fer.	1,50	des traces.	des traces.
Carbonate de magnésie. .	»	»	0,80
Eau.	5,00	1,00	»
Humus.	0,60	0,10	1,40
	100,00	100,00	100,00

(1) *Observations sur la manière d'employer le plus utilement les terrains siliceux et calcaires du département de la Seine-Inférieure ;* par M. Dubreuil père.—Séance publique de la Société centrale d'agriculture de Rouen, de 1822. p. 24. t. 2. année 1824.

C. SOLS TUFFEUX. Dans le langage vulgaire, on appelle très-improprement *tuf* un carbonate de chaux plus compacte que la craie ordinaire, assez dur pour être utilisé dans les constructions, et qui forme des bancs à peu de profondeur sous les sols crayeux. Lorsqu'il est à nu, il est complétement infertile ; et, lorsque par un labour trop profond, on le ramène à la surface de la terre arable qui le recouvre, celle-ci devient stérile pendant un temps assez long. Mais lorsque ce tuf est mêlangé à une certaine quantité d'argile et de sable, il perd de ses fâcheuses qualités ; le temps, la culture et les engrais l'améliorent de plus en plus. Les sainfoins, les luzernes, les trèfles, les ronces, etc., y réussissent assez bien. C'est en vignes que leur exploitation est le plus avantageuse.

D. TERRES MARNEUSES. Fort souvent les MARNES proprement dites constituent la surface cultivable d'un pays. Ces sortes de sols sont peu fertiles. Lorsque l'argile y est assez abondante, ils rentrent dans la classe des TERRES GLAISEUSES ou ARGILO-CALCAIRES ; quand c'est le calcaire qui prédomine de beaucoup, ils se rapprochent plus ou moins de la craie, et en offrent tous les défauts. Dans ce dernier cas, ils déchaussent presque aussi facilement que la craie, et, comme cette dernière, ils manquent généralement d'humus. Quand ils sont dans une position inclinée, et qu'ils peuvent être humectés à une certaine profondeur, par suite de leur gonflement et du peu d'adhérence de leurs parties, entraînés par leur propre poids, ils se laissent aller sur eux-mêmes, et glissent parfois à des distances considérables.

Les terres marneuses sont caractérisées par certaines plantes qui y croissent spontanément. Ce sont surtout :

Les tussilages.	Les sauges.
L'ononis arrête-bœuf.	Le trèfle jaune.

Les ronces.   Le mélampyre.
Les chardons.

Voici les analyses de deux terres marneuses de localités différentes.

	Marne des environs de : Péronne (Somme).	Marne de Vitry (Marne).
Calcaire.	41,1	46,5
Argile.	33,3	28,5
Carbonate de magnésie.	1,6	3,5
Oxide de fer.	»	3,0
Sable.	13,2	14,5
Eau.	10,8	4,0
	100,0	100,0

C'est surtout comme amendement que les marnes sont intéressantes à étudier, mais ce n'est pas ici le lieu de nous en occuper.

APPENDICE.

Il nous reste à dire quelques mots de certains sols, bien moins communs que les précédents, et qui offrent une constitution toute spéciale. Je veux parler des SOLS MAGNÉSIENS et des SOLS TOURBEUX.

IV. — DES SOLS MAGNÉSIENS.

Quand la magnésie existe dans les sols à l'état de carbonate, et sous cet état, on la trouve en petite quantité dans presque toutes les terres arables où elle accompagne le calcaire, elle n'a aucune action défavorable sur la végétation. Quant ce carbonate de magnésie est plus abondant, lorsqu'il est associé presqu'à parties égales avec le carbonate de chaux, il forme une roche qu'on appelle *dolomie*,

et dans cet état il agit, en agriculture, absolument comme
le calcaire pur. C'est surtout en Angleterre, en Allemagne
et en Italie, qu'existent ces calcaires magnésiens, qu'on
cultive avec succès, et sur lesquels on observe des arbres,
des arbustes et des buissons vigoureux.

On reconnaît ces calcaires magnésiens à ce qu'ils ne font
qu'une effervescence lente à froid par les acides, effer·
vescence qui devient plus sensible à chaud; à ce qu'ils
ne se dissolvent que très-lentement dans l'acide hydrochlorique ou nitrique, et que leur dissolution ne précipite
pas par l'acide sulfurique lorsqu'elle est un peu étendue
d'eau, qu'elle donne un précipité blanc gélatineux au moyen
de l'ammoniaque; caractère que n'offre pas le calcaire
pur.

Davy assure que la magnésie, privée d'acide carbonique
par la calcination, est nuisible à la végétation d'un très-
grand nombre de plantes. Mais on ne la trouve presque
jamais à cet état dans la nature.

Au nombre des causes diverses qui rendent les terrains
stériles, on a cru devoir placer la présence de la magnésie,
parce qu'on a remarqué que les différents sols magnésiens
sont arides. Mais les expériences de Giobert et celles de
M. Angelo Abbene démontrent qu'on a fait erreur à cet
égard. Voici les conclusions qu'on peut déduire des nombreuses recherches de ces deux savants chimistes italiens :

1° La magnésie carbonatée, non-seulement n'est pas
contraire à la germination, à la végétation et à la fructification des plantes, mais elle paraît, au contraire,
favorable à ces fonctions.

2° La magnésie étant soluble dans un excès d'acide carbonique, exerce dans la végétation une action analogue à

celle de la chaux ; et lorsqu'un terrain contient de la magnésie non suffisamment carbonatée , on remédie à ce défaut par une addition d'engrais qui , par sa décomposition , fournit l'acide carbonique nécessaire ; l'amélioration est surtout plus efficace , lorsqu'on remue bien le terrain , parce que l'air peut alors mieux faire sentir son action.

3° Lorsque , dans les terres arables , il se trouve de la chaux et de la magnésie , la première est absorbée de préférence par les plantes , parce qu'elle a une plus grande affinité pour l'acide carbonique.

4° Dans les terrains magnésiens stériles , ce n'est pas à la magnésie qu'il faut attribuer la stérilité , mais bien à l'état de cohésion de leurs parties , au manque d'engrais , d'argile ou des autres composants , à la grande quantité d'oxide de fer , etc.

5° Les terrains magnésiens stériles peuvent être amendés au moyen de substances calcarifères , comme des plâtras , de la craie , des résidus de cendres , de la marne , etc. , pourvu que les autres conditions soient remplies (1).

Cette dernière assertion est contraire à la pratique des cultivateurs anglais qui ont soin d'éviter l'emploi de la chaux dans les sols où domine la magnésie.

V. DES SOLS TOURBEUX.

Comme je l'ai déjà dit, la TOURBE est une variété d'humus qui est produite par la décomposition des plantes sous

______

(1) *Calendario Georgico della reale societa agraria di Torino* , per *l'anno* 1838. J'ai donné la traduction des expériences de M. Abbene dans le bulletin du 1er trimestre de 1839 de la Société libre d'émulation de Rouen, p. 68.

l'eau. Mais cette substance a des propriétés bien différentes de celles du terreau. Elle est plus ou moins colorée en brun; elle renferme presque toujours des débris d'herbes sèches, non décomposées; elle brûle facilement avec ou sans flamme, en donnant une fumée semblable à celle du foin brûlé, et en laissant pour résidu une braise très-légère. Sa texture est tantôt compacte, tantôt grossièrement fibreuse, ce qui est dû aux végétaux non décomposés qu'elle contient.

Toutes les plantes aquatiques concourent à former la tourbe, mais on l'attribue principalement aux espèces suivantes :

Utriculaires.	Callitriches.
Potamots.	Lenticules.
Cornifles.	Scirpes.
Myriophylles.	Carex.
Conferves.	Pesses.
Sphaignes.	Prêles, etc.

Toutes ces plantes végètent par exception sur les tour-bières, et leur donnent une physionomie spéciale. Les tour-bières sont, en effet, infertiles pour les autres végétaux.

Les tourbes renferment en grande quantité l'acide ul-mique qui, comme je l'ai déjà dit, existe aussi en abon-dance dans le terreau. Mais il s'y trouve, en outre, des débris de végétaux non altérés ou incomplètement décom-posés, des détritus de matières animales, et des substances terreuses qui restent à l'état de cendres après la combus-tion. Le sable, dont les tourbes sont mélangées en propor-tions extrêmement variées, est toujours de même nature que les roches environnantes ; ce qui prouve qu'il est uni-quement formé des débris de celles-ci. Les quantités des différentes matières organiques et inorganiques qui constituent les tourbes sont dans des rapports très-variés, comme on peut le voir par les analyses suivantes :

	TOURBES				
	de Clermont (Oise).	de Château-Landon (Seine-et-Marne).	de Crouy, près de Meaux.	de Ham (Somme).	de Vassy (Marne).
Matières organiques.	82,6	85,0	84,2	88,3	92,8
Matières minérales.	17,4	15,0	18,8	11,7	7,2
	100,0	100,0	100,0	100,0	100,0

Les matières minérales contenues dans les tourbes sont ordinairement :

Silice ou sable.	Sulfate de chaux.
Argile.	Carbonate de magnésie.
Carbonate de chaux.	Phosphate de chaux.
Oxide de fer.	Phosphate d'alumine.

Au reste, la nature de ces matières varie nécessairement suivant la contrée d'où l'on tire la tourbe, et suivant la couche à laquelle elle appartient. L'absence d'un alcali libre ou carbonaté, dans les cendres de tourbe, explique pourquoi elles ne sont pas, comme la cendre de bois, propres à la lessive, à la fabrication du verre et du savon. Elles ne renferment que du silicate de potasse, d'après Liebig.

Les TERRAINS TOURBEUX sont faciles à reconnaître. Ils ont une couleur brune foncée ; ils sont spongieux et élastiques ; ils offrent dans leur masse les détritus diversement agglomérés des végétaux qui les ont produits. Par la dessiccation, ils perdent la majeure partie de leur poids. Ils s'échauffent et se refroidissent avec une égale lenteur, malgré leur couleur foncée, de sorte qu'il est encore très-aisé de les distinguer en été à leur fraîcheur, en hiver à une température plus élevée que celle des terres d'une autre nature.

Ces sortes de sols sembleraient, par leur origine et leur

composition , devoir renfermer tous les éléments de la fertilité , et cependant il n'en est pas ainsi ; ils sont même ,
dans l'état naturel , si peu favorables à la culture , qu'il y
a presque toujours plus d'avantage à les exploiter pour le
combustible qu'ils renferment , qu'à les transformer en
terres de rapport. Leur défrichement est long et pénible. Il
faut commencer par les dessécher , puis les amender au
moyen de sables ou de graviers , de calcaires coquilliers ,
de vase de mer et d'argile. Lorsqu'ils contiennent , comme
cela arrive fort souvent , des sels ferrugineux , les matières
calcaires sont absolument nécessaires pour les rendre propres à la culture. L'écobuage est encore une excellente opération à pratiquer. La chaux est un des amendements les
plus avantageux pour les terres tourbeuses.

Ainsi améliorés , les terrains tourbeux constituent des
sols très-légers , qui conviennent très-bien à la culture des
plantes à fortes racines. Ils produisent des récoltes abondantes d'orge et d'avoine , quoique cependant la quantité
de grains ne corresponde pas toujours au poids de la paille,
et que la qualité du grain ne soit pas en rapport avec la
quantité. Les trèfles rouges et blancs , le timothy (*phleum
pratense*), le fiorin (*agrostis stolonifera latifolia*) sont encore
des plantes à y cultiver. « L'objet le plus important , dans
» la culture des marais tourbeux , dit sir John Sinclair (1),
» est d'adopter la méthode la plus convenable pour les con-
» vertir en prairies à faucher ; et nous devons faire mention
» ici d'une découverte moderne d'un haut intérêt. On s'est
» assuré qu'en laissant pourrir sur le sol la seconde pousse
» de l'herbe , qui souvent ne pourrait être convertie en

(1) **Sir John Sinclair.—***Code d'agriculture.*

» foin

» foin qu'avec beaucoup de difficultés , on accroissait ,
» d'une manière prodigieuse , la récolte de foin de l'année
» suivante , et que , par cette méthode , les sols de cette
» espèce peuvent devenir des prairies à foin perpétuelles.
» Ce fait important a été confirmé par quelques expériences
» qui ont été faites près d'Oudenarde , en Flandre , où on
» a produit les mêmes effets en abandonnant la seconde
» coupe tous les deux ou trois ans; l'année suivante, l'herbe
» prend une hauteur extraordinaire. » La pourriture de la
seconde coupe opère évidemment, dans ce cas, comme engrais , à la manière des récoltes vertes enfouies , sur la récolte suivante.

Les SOLS MARÉCAGEUX ont ceci de particulier qu'ils sont
recouverts d'eaux stagnantes , au moins une partie de
l'année , et qu'ils ne peuvent en être naturellement débar-
rassés que par les effets de l'évaporation.

Lorsqu'ils sont submergés pendant toute l'année, ils sont
impropres à toute culture. Voici les principales plantes qui
les caractérisent :

Mâcre ou châtaigne d'eau.	Renoncules.	Flechière.
Fétuque flottante.	Roseau à balai.	Plantain d'eau.
Laiches.	Massette.	Véroniques.
Scirpes.	Ményanthe à 3 feuilles.	Menthe poivrée.
Souchets.	Gratiole officinale.	Epilobe.
Nénuphars.	Butome ou jonc fleuri.	Litbre salicaire.

Lorsque les terrains marécageux ne sont submergés
qu'une partie de l'année , ils peuvent fournir des foins ,
mais qui sont toujours de mauvaise qualité. Les saules, les
peupliers , l'aune , le bouleau y viennent bien et peuvent
servir à leur assainissement. Il est d'autant plus utile de
chercher à les dessécher ou à les transformer en étangs ,

que ces sols marécageux sont des causes permanentes d'insalubrité pour les localités environnantes.

Les marais des bords de la mer peuvent à la longue devenir des terres très-fertiles , lorsqu'ils sont mis à l'abri , par des digues,des effets des grandes marées. Dans le commencement de leur exploitation,il faut y cultiver les plantes qui ont la propriété de venir dans le voisinage de la mer , afin qu'elles dépouillent peu-à-peu le sol de l'excès de sel marin dont il est imprégné ; telles sont entre autres les salicor , les salsola , les arroches , les atriplex , les amaranthes , les anserines, etc. , qu'on utilise à l'extraction de la soude.

Les anciens marais salés produisent des fourrages d'excellentes qualités. On sait la réputation des animaux de boucherie qu'on engraisse dans ces marais,et surtout dans ceux des côtes de la Charente-Inférieure et de la Normandie.

IV §.—*Moyens d'apprécier les qualités des sols arables.*

La connaissance de la nature et des qualités des sols arables est d'une haute importance pour l'agriculteur , car elle seule peut le guider dans le choix des meilleurs procédés de culture , lui apprendre le genre d'amendement ou d'engrais qui convient à chaque sorte de sol , et l'éclairer sur la valeur des terres qu'il désire acquérir.

Pour obtenir cette connaissance de la nature, de la valeur, du degré de fertilité des sols , il faut recourir à deux modes bien différents d'expérimentation :

1° A *l'analyse chimique* qui indique avec exactitude la composition minérale des sols, et les proportions de leurs principaux éléments ;

2° A *l'examen des propriétés physiques*, telles que la densité des terres, leur puissance d'absorption, la force avec laquelle elles retiennent l'eau, la faculté avec laquelle elles s'échauffent et se refroidissent, leur aptitude à se sécher à l'air, etc., caractères physiques qui fournissent de précieux renseignements pour classer les terres sous le rapport de leur valeur, pour établir des degrés comparables de ces valeurs, pour juger ou prévoir la manière dont les sols se comporteront, lors de la culture, par rapport aux instruments, aux végétaux, etc.

Je vais faire connaître avec soin ces deux modes distincts d'appréciation, en m'attachant toutefois à simplifier autant que possible les questions qu'il s'agit de traiter.

I.—DE L'ANALYSE CHIMIQUE DES SOLS.

Si les sens ou des moyens purement mécaniques peuvent suffire pour faire reconnaître les principaux caractères physiques des sols, il n'en est plus de même quand il s'agit de déterminer la constitution intime de ces sols, c'est-à-dire la nature et les proportions des composés chimiques qui les forment. Pour arriver à cette détermination, il faut nécessairement recourir à l'emploi des procédés que nous enseigne la chimie; il faut pratiquer ce qu'on appelle *l'analyse chimique.*

L'art d'analyser les terres est une des opérations les plus délicates de la chimie, quand on veut apporter à cette opération la précision et la minutie qui doivent présider à tous les travaux de laboratoire. Mais heureusement pour l'agriculteur, des données approximatives sont ordinairement suffisantes. Je me garderai donc bien de décrire ici les pro-

cédés rigoureusement exacts que les chimistes emploient
quand ils procèdent à l'examen des matières minérales. Il
suffira, pour satisfaire aux besoins de l'agriculture sous ce
rapport, d'indiquer un moyen simple et peu coûteux, susceptible d'être mis en pratique par tout cultivateur intelligent, pour acquérir des notions utiles sur la constitution
chimique des terres arables.

Avant de procéder à l'analyse d'une terre, il est bon d'a-
voir quelques notions sur ses propriétés les plus générales.
La vue, le toucher suffisent pour reconnaître si la terre est
sableuse ou argileuse ; la couleur blanchâtre des terrains
calcaires ou gypseux, la teinte rougeâtre de ceux qui contiennent beaucoup de fer, la nuance foncée de ceux qui
s'approchent de la nature de la tourbe ou de la la terre de
bruyères, etc., sont autant d'indices auxquels un cultivateur exercé ne se trompera pas. Lorsque les pièces qui di-
visent une propriété offrent un aspect différent, il est indispensable de prendre à part autant d'échantillons différents, et de multiplier les analyses. Souvent même pour
la même pièce de terre, il ne suffit pas d'une seule analyse, car il arrive fréquemment que la nature du sol varie
à de très-petites distances ; et, à quelques mètres d'une
veine de terre très-calcaire, par exemple, il peut s'en rencontrer une qui ne l'est aucunement ; mais alors, pour un
praticien habile, il est presque toujours facile de remarquer
à la simple inspection de la surface du sol, qu'il y a changement de nature ; et on l'observe encore bien mieux à la
manière dont se comporte la terre dans les labours ou autres
travaux de culture, ou à la végétation des plantes qui la
couvrent. Il est donc essentiel de lever des échantillons
dans toutes les parties d'une pièce de terre où l'on croit

entrevoir un changement de nature chimique , en numé-
rotant avec soin les échantillons , et en reportant ces nu-
méros sur un croquis figuratif de cette pièce de terre. Après
l'analyse , on indique avec détail sur le plan les résultats
des expériences , c'est-à-dire la composition , en sorte qu'on
a ainsi une carte très-exacte des variations de constitution
de tous les points du champ.

Dans le cas où le terrain paraît partout à peu-près de
même nature, il est encore bon de prendre sur divers points
de la surface du champ , à une profondeur de 1 décimètre
(3 pouces 1/2 environ) des portions de terre , 100 grammes
environ , que l'on mêle ensemble pour en composer un
échantillon moyen. On sépare de l'échantillon les pierres
et les gros graviers , mais on devra en connaître la quantité , et les conserver à part pour en déterminer la nature.

1. LA PREMIÈRE OPÉRATION à faire subir à la terre dont
on veut faire l'analyse , consiste à la dessécher pour connaître le poids de l'eau qu'elle contient. On en prend 100
grammes qu'on met dans un vase quelconque, de porcelaine
ou de terre non vernissée , et on l'expose pendant quinze à
vingt minutes à une chaleur suffisante pour en évaporer
toute l'humidité , mais pas assez forte pour roussir un morceau de bois blanc ou des brins de paille qu'on tient au fond
du vase. Cette dessiccation peut très-bien être opérée dans
un four d'où l'on a retiré le pain , et qui n'est plus assez
chaud pour brûler quelques tiges de paille qu'on y jette ,
avant tout , comme moyen d'épreuve.

On pèse la terre après l'opération ; la perte de poids
qu'elle a éprouvée indique le poids de l'eau d'interposition
qu'elle renfermait.

2. LA DEUXIÈME OPÉRATION à pratiquer a pour objet d'i-

soler les uns des autres le *gravier*, le *sable moyen*, les *gros débris organiques*, la *terre fine* et les *matières solubles* qui composent la terre. On opère de la manière suivante :

On fait bouillir, pendant une heure, 100 grammes de la terre desséchée, avec 500 grammes d'eau pure ou distillée, et on jette le tout sur un crible ou une passoire en ferblanc dont les trous circulaires ont un demi-millimètre de diamètre (1/4 de ligne environ), comme la figure ci-jointe le représente

On agite bien la terre au milieu de l'eau ; toutes les parties fines sont entraînées à travers la passoire qui ne retient que le *gravier*, le *sable moyen*, et les *gros débris organiques*.

3. Par une TROISIÈME OPÉRATION, on sépare ces trois matières l'une de l'autre, en les agitant dans un vase avec de l'eau ordinaire.

Les *débris organiques*, consistant le plus ordinairement en graines d'herbes, en petits fragments de racines et de tiges, surnagent l'eau en raison de leur plus grande légèreté ; on les enlève avec une petite écumoire ; on les fait dessécher et on en prend le poids.

Le *sable* et le *gravier*, tombés au fond du vase, sont jetés sur un crible ou une passoire de ferblanc dont les trous ont 3 millimètres de diamètre (1 ligne 1/2 environ). Le *sable moyen* passe au travers ; le *gravier* reste sur la passoire. On les dessèche l'un et l'autre et on les pèse.

Il est important de déterminer la nature du *sable* et du *gravier* ; le plus habituellement ils sont siliceux. On le reconnaît en jetant une pincée de ces substances dans un verre contenant du bon vinaigre, ou mieux, de l'acide hydrochlorique étendu de deux parties d'eau. Si la matiére se comporte dans l'acide, comme si on l'eût plongée dans l'eau pure, c'est-à-dire, sans produire aucune effervescence et sans se dissoudre, on est certain que c'est de la silice. Mais si le gravier et le sable renferment des parties calcaires, leur immersion dans l'acide donnera lieu à une effervescence plus ou moins vive et d'autant plus longue que ces parties calcaires seront plus abondantes ; elles se dissolveront dans l'acide, et les parties siliceuses resteront au fond du vase. On agit alors sur un poids déterminé, 10 grammes par exemple, et on pèse les parties siliceuses après l'action de l'acide et la dessiccation;la perte de poids qu'elles auront éprouvées, donnera la proportion des parties calcaires.

4. QUATRIÈME OPÉRATION. La terre qui a traversé la première passoire fine renferme encore du *sable fin*. Pour le séparer, on agite la terre dans une terrine avec de l'eau, on laisse en repos pendant une minute, et on décante le liquide trouble sur un filtre. Ce qui reste dans la terrine est le *sable fin* qu'on sèche et qu'on pèse. On s'assurera si ce sable est siliceux ou calcaire au moyen de l'acide, comme il a été dit ci-dessus.

Comme on le voit, au moyen des opérations mécaniques précédentes, on a obtenu :

du gravier,
du sable moyen,   } isolés et pesés ;
du sable fin,
des débris organiques,
une matière terreuse très-fine sur le filtre ;
enfin une liqueur limpide qui a traversé le filtre, et qui contient les substances solubles que la terre pouvait renfermer.

Occupons-nous d'abord de la terre ténue déposée sur le filtre. Elle contient la majeure partie de l'*humus*, avec l'*argile*, le *calcaire*, le *carbonate de magnésie*, l'*oxide de fer* et le *phosphate de chaux*.

5. CINQUIÈME OPÉRATION. On fait sécher la terre, et, après l'avoir pésée, on la chauffe au rouge naissant dans un creuset en grès pour détruire toute la matière organique ou l'*humus*. Ce résultat est obtenu lorsque la 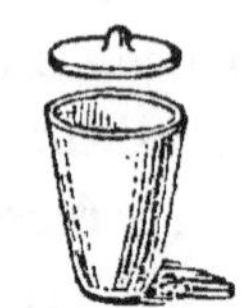 matière, renfermée dans le creuset, n'exhale plus d'odeur sensible, et qu'on n'y aperçoit plus de parties noirâtres. On retire le creuset du feu, et on pèse la terre calcinée aussitôt après son refroidissement. La perte de poids apprend la proportion d'*humus* qu'elle renfermait.

Lorsque, pendant la calcination, il se dégage une fumée qui a l'odeur de la corne, du cuir, du poil ou de la plume qu'on brûle, c'est une preuve qu'il existe dans la terre des substances d'origine animale ; elle ne contient que des substances purement végétales, lorsque l'odeur est identique à celle de la fumée du bois ou de la paille. Le plus souvent ces deux sortes de matières organiques sont mêlées ensemble ; mais les moyens pour en connaître les proportions sont d'une exécution difficile, et au-dessus de la portée d'un agriculteur : d'ailleurs cette distinction n'est pas d'une grande importance pour la pratique.

6. SIXIÈME OPÉRATION. La terre, privée de l'*humus* par la calcination, renferme encore de l'argile, du calcaire, et parfois aussi du carbonate de magnésie, de l'oxide de fer et du phosphate de chaux. On opérera la séparation de ces substances, en traitant la terre calcinée par l'acide hydrochlorique étendu de quatre fois son volume d'eau. On agit commodément dans une fiole à médecine. L'acide dissout avec effervescence le carbonate de chaux,

le carbonate de magnésie, le phosphate de chaux et l'oxide de fer. Pour 10 grammes de terre, on emploie environ 50 grammes d'acide étendu. Lorsque l'effervescence a cessé, on s'assure que la liqueur est encore fortement acide ; si elle ne l'était plus, il faudrait ajouter une nouvelle quantité d'acide. Lorsque le résidu est ainsi épuisé de toutes les matières solubles dans l'acide, on remplit la fiole d'eau, on jette le tout sur un filtre, on lave bien le résidu, jusqu'à ce que la dernière eau de lavage ne rougisse plus le papier de tournesol, puis on calcine au rouge le résidu recueilli sur le filtre, et on le pèse. C'est la partie *argileuse* de la terre.

7. SEPTIÈME OPÉRATION. La liqueur acide recueillie avec soin avec les eaux de lavage, contient : la chaux, la magnésie, l'oxide de fer et le phosphate de chaux. On reconnaît de suite qu'il y a du fer, en y trempant un petit fragment de noix de galle ou d'écorce de chêne ; elle brunit ou noircit aussitôt. On détermine la quantité de cet oxide métallique, en versant dans la liqueur du *prussiate de potasse*, jusqu'à ce qu'il ne se fasse plus de précipité bleu ; on laisse déposer, on lave le précipité par décantation à plusieurs reprises et on le chauffe ensuite au rouge dans un tout petit creuset ; ce qui reste après la calcination est du *peroxide de fer* dont on prend le poids.

8. HUITIÈME OPÉRATION. Lorsqu'on a isolé l'oxide de fer de la liqueur acide, il n'y reste plus que de la *chaux*, de la *magnésie* et du *phosphate de chaux*. On isole ce dernier en évaporant la liqueur à siccité et traitant le résidu salin par une suffisante quantité d'eau. Tout se dissout, à l'exception du *phosphate de chaux* qu'on re-

cueille sur un filtre , qu'on lave et qu'on sèche. On le pèse avec soin.

9. Neuvième opération. Dans la nouvelle liqueur qui renferme la magnésie et la chaux , on verse du bicarbonate de soude en grand excès , qui ne précipite que la chaux à l'état de *carbonate* blanc et pulvérulent. On jette le précipité sur un filtre , on le lave bien et on le dessèche ensuite pour en prendre le poids. — La liqueur filtrée, réunie aux eaux de lavage , est mise à bouillir dans une fiole pendant un quart-d'heure ; la *magnésie* qui s'y trouve se dépose à l'état de *carbonate*. Le précipité est recueilli sur un filtre , lavé , séché et pesé exactement.

Le plus habituellement la *magnésie* est en si faible proportion dans les sols arables , qu'on peut négliger d'en tenir compte et qu'on la confond avec le carbonate de chaux. Ce n'est qu'autant qu'elle prédomine dans une terre , qu'il est important d'en déterminer à part la quantité.

A l'aide des neuf opérations successives que je viens de décrire , on peut donc très-aisément isoler et doser les substances suivantes :

Eau interposée.	Humus.
Gravier.	Argile.
Sable moyen.	Carbonate de chaux.
Sable fin.	Carbonate de magnésie.
Gros débris organiques.	Phosphate de chaux.
	Oxide de fer.

Mais tout n'est pas encore fini : il faut constater la quantité des sels et des matières organiques solubles que la terre soumise à l'analyse renfermait , et qui sont actuellement contenus dans l'eau où l'on a fait bouillir la terre pendant une heure pour en isoler le gravier, le sable, les débris organiques et la partie terreuse fine (2e OPÉRATION). Cette liqueur d'où l'on a séparé cette dernière par le filtré (4ᵉ OPÉRATION), est limpide, et nous l'avons mise de côté.

10. DIXIÈME OPÉRATION. On évapore cette liqueur à siccité dans une capsule, sans la faire bouillir. — Si elle renferme de la *matière organique*, le résidu de l'évaporation brunira lorsqu'on le chauffera un peu fortement. — Si une portion du résidu, projeté sur des charbons ardents, en active la combustion, on en conclura que la terre renferme du salpêtre ou plutôt des *nitrates*.

Le résidu salin, étant redissous dans l'eau, on l'examinera par les réactifs suivants :

Avec le *nitrate de baryte*, on reconnaîtra qu'il renferme des *sulfates*, parce qu'alors il se produira un précipité blanc, insoluble dans un grand excès d'acide nitrique ;

Le *nitrate d'argent* indiquera la présence de *chlorures*, par un précipité blanc, caillebotté, insoluble dans l'acide nitrique et soluble dans l'ammoniaque ;

L'*oxalate d'ammoniaque* indiquera la *chaux* par la formation d'un précipité blanc ;

Le *prussiate de potasse* colorera la liqueur en bleu, s'il y a des *sels de fer*.

Si, par l'emploi de ces réactifs, on reconnaît une quantité notable de chaux et d'acide sulfurique, on devra en conclure que la terre renferme du *sulfate de chaux* ou plâtre.

Il est inutile, au reste, de chercher à déterminer les quantités relatives de ces différentes matières salines, car le plus habituellement elles sont en fort minimes proportions. Il faut se borner à constater la quantité brute de toutes les matières solubles dans l'eau, et reconnaitre qualitativement leur nature diverse au moyen des essais précédents. Il n'y a qu'un seul sel qui, par sa prédominance dans un sol, pourrait modifier notablement ses propriétés et mériter par conséquent d'être dosé avec soin. C'est le *plâtre* ou *sulfate de chaux*. Comme dans ce cas, en raison de son peu de solubilité, le sulfate de chaux n'est attaqué qu'en partie par l'eau, et qu'il pourrait alors rester confondu avec les autres matériaux insolubles, il faut recourir à un essai spécial pour s'assurer de sa présence et de sa proportion. Voici ce qu'on peut faire de mieux.

11. ONZIÈME OPÉRATION. On prend 25 grammes de la terre desséchée, on les mêle avec le tiers de leur poids de charbon de bois réduit en poudre fine, et on expose le mélange dans un creuset, pendant une bonne demi-heure, à une chaleur rouge. On fait ensuite bouillir le résidu pendant 10 à 15 minutes dans 1/4 de litre d'eau distillée, on filtre, on lave bien la terre, on réunit toutes les liqueurs et on les neutralise par l'acide sulfurique faible, jusqu'à ce que la solution rougisse un peu le papier de tournesol. Pendant la neutralisation, il se dégage une odeur fétide d'œufs pourris ou d'hydrogène sulfuré. On évapore la liqueur à siccité, et on chauffe le résidu pulvérulent et blanc jusqu'au rouge naissant. Après le refroidissement, on en prend le poids. C'est du *sulfate de chaux* représentant tout celui qui existait dans les 25 grammes de terre employés. On multiplie le poids obtenu par 4, pour avoir la quantité de plâtre contenu dans 100 parties de terre.

Si l'on pratique avec soin les diverses opérations que je

viens de décrire , on retrouvera , avec une exactitude suffisante , les proportions relatives des principes constituants
de la terre soumise à l'essai. Après l'analyse complète , on
dispose les produits les uns sous les autres et on les addi-
tionne. Si la somme est égale au poids de la terre employée , l'analyse est exacte. On note avec soin les résultats
obtenus sur un registre destiné à cet usage , en suivant la
formule que voici :

Analyse de deux sortes de terre , prises au Petit-Quevilly
et près des Chartreux , dans la plaine située au sud et en
face de Rouen , sur la rive gauche de la Seine , et dans
lesquelles M. Malcouronne cultive des garances depuis
1832. (1).

Terre du Petit-Quevilly.

Eau d'interposition.		1,660
Gros gravier.	Siliceux.	8,960
	Calcaire.	0,220
Sable moyen.	Siliceux.	7,150
	Calcaire.	0,290
Sable fin. . .	Siliceux.	68,870
	Calcaire.	0,680
Matières solubles dans l'eau. . . .	Humus soluble azoté. . . . . 0,1 } Chlorures et carbon. alcal. } Sulfates alcalins et magn. } 0,3 Sulfate de chaux.	0,400
Terre ténue. . .	Humus insoluble..	2,708
	Argile.	6,709
	Calcaire.	0,946
	Peroxide de fer.	0,906
	Carbonate de magnésie.	0,501
		100,000

(1) Voir mon *Mémoire sur la culture des plantes tinctoriales en
Normandie.* — 77° cahier des travaux de la Société centrale d'agriculture de la Seine-Inférieure , trimestre d'avril 1840. p. 99.

Terre des Chartreux.

Eau d'interposition.		0,990
Gros gravier siliceux.		10,380
Sable moyen siliceux.		7,630
Sable fin siliceux.		68,830

Matières solubles dans l'eau . . . . .
- Humus soluble azoté. . . . 0,105
- Sulfate de chaux en prop. notables.
- Chlorures et carb. alcal.   0,345
- Sels de magnésie.

               0,450

Terre ténue. .
- Humus insoluble. 3,459
- Argile. 7,254
- Calcaire. 0,505
- Peroxide de fer. 0,538
- Carbonate de magnésie. 0,246

               100,000

Encore bien qu'il faille un peu d'habitude et de l'intelligence pour exécuter les opérations analytiques dont je viens de parler, tout cultivateur pourra, après quelques jours d'essais, être en état de pratiquer l'analyse d'une terre, en suivant la marche peu compliquée que j'ai indiquée. Certes, un chimiste ne pourrait se contenter de cette méthode, car elle n'est pas rigoureuse ; mais elle suffit pour donner des résultats très-approximatifs, et la pratique n'a pas besoin d'autre chose. Plus de précision entraînerait dans l'emploi de réactifs particuliers, d'opérations minutieuses, et exigerait de la part de l'agriculteur une habitude de travaux délicats, et des connaissances théoriques qu'il lui serait peut-être assez difficile d'acquérir. Au reste, aujourd'hui que tant de propriétaires instruits habitent la campagne et consacrent leurs loisirs à surveiller les travaux de leurs fermes, l'analyse des terres pourra et devra être faite par eux. Ils se rendront par-là fort utiles et aideront puissamment leurs fermiers dans l'amélioration du sol de leurs faire-valoir.

Pour faire l'examen analytique des terres , il n'est pas besoin , comme on l'a vu , d'un bien grand nombre d'ustensiles et de réactifs chimiques. On trouve ces derniers à très-bon marché chez tous les pharmaciens des grandes villes. Voici la liste des objets qu'un cultivateur ou un propriétaire rural doit avoir chez lui , dans une armoire fermée , afin de pouvoir en tout temps se livrer à l'étude des terres et des amendements dont il lui importe de connaître la nature.

USTENSILES.

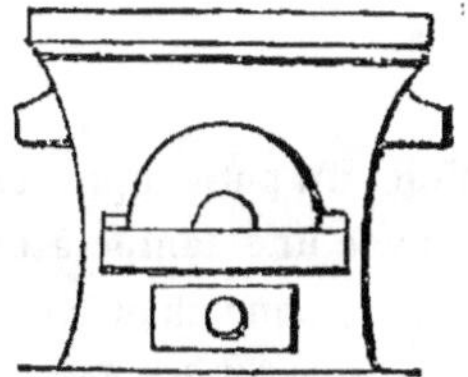

Un petit fourneau évaporatoire ou à calcination.

5 à 6 creusets, avec couvercles, en porcelaine ou en terre fine.
2 ou 3 capsules de porcelaine allant sur le feu.
Un crible en ferblanc à trous circulaires de 1/2 millimètre de diamètre.
Un crible en ferblanc à trous circulaires de 5 millimètres de diamètre.

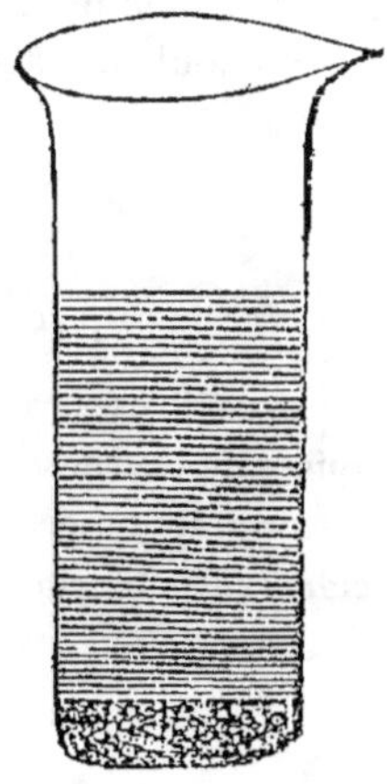

Une petite écumoire en ferblanc.
6 verres à expériences.
Un ou deux grands vases en verre, à large ouverture, pour laver les terres et séparer le sable fin.
6 fioles à médecine.

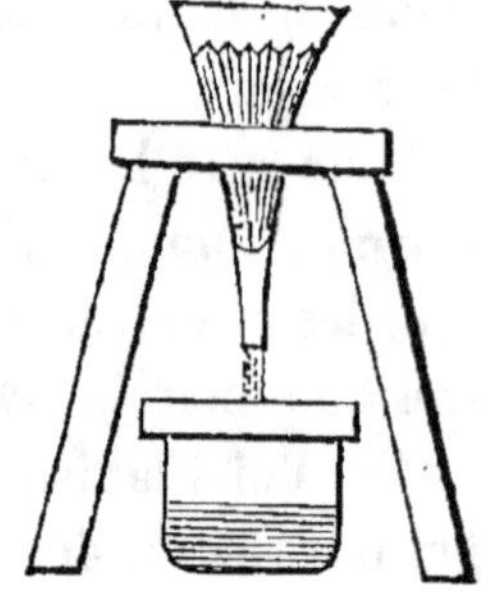

2 petits entonnoirs avec support en bois.
Des filtres de papier brouillard.

Une petite balance , capable de contenir et de peser 125 grammes de terre , et assez sensible pour trébucher à un milligramme.
Une série de poids depuis le 1/2 kilogramme jusqu'au milligramme.

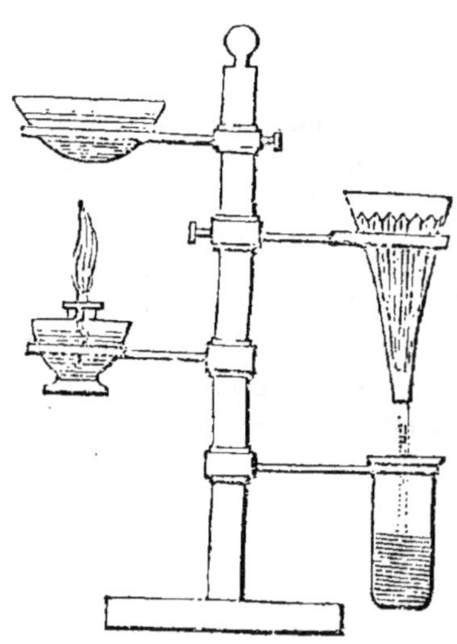

Voici un petit support à filtrer avec une lampe à esprit de vin , pour chauffer les capsules et faire les évaporations , qui est très-commode pour les expériences d'analyse et le travail en petit. Cet appareil peut dispenser d'un fourneau en terre , et servir à une foule d'usages.

AGENTS ET RÉACTIFS CHIMIQUES.

Plusieurs litres d'eau pure ou distillée.
Papiers de tournesol bleu et rouge.
Noix de galle ou écorce de chêne.
Acide hydrochlorique.
    Sulfurique.

                                        Acide

Acide nitrique.
Ammoniaque caustique.
Nitrate de baryte.
      d'argent.
Oxalate d'ammoniaque.
Bicarbonate de soude.
Prussiate de potasse ferrugineux.

Pour moins d'une cinquantaine de francs, on pourra former la petite collection des objets nécessaires pour les recherches chimiques qu'un agriculteur peut être dans le cas de pratiquer.

II.—DES PROPRIÉTÉS PHYSIQUES DES SOLS.

Si la connaissance de la nature chimique des sols est indispensable pour savoir quels sont les différents amendements qui peuvent améliorer leur constitution, et pour nous apprendre certaines qualités de ces sols, elle ne suffit pas seule, cependant, pour nous rendre compte de leur valeur, de leurs divers dégrés de fertilité, de leurs fonctions par rapport à la végétation, etc.

« Les parties constituantes du sol, dit M. Mathieu de Dombasle, exercent bien moins d'influence qu'on ne l'a cru sur les propriétés relatives à l'agriculture. Les terres primitives ne sont pas dans le sol dans un simple état de mélange; elles sont presque toujours combinées entre elles, et peut-être aussi avec les autres substances qui se trouvent dans le sol; elles forment ainsi des composés dont nous ne connaissons pas plus les propriétés que les circonstances et les lois qui ont présidé à la réunion de leurs éléments. Les nombreuses variétés qui existent pro·

7

bablement parmi ces composés, le plus ou moins de ténuité des grains qu'ils forment, la cohésion plus ou moins grande des molécules de ces grains ou des grains eux-mêmes entre eux ; toutes ces circonstances, et peut-être encore d'autres, apportent des différences bien plus considérables dans les propriétés physiques des terres, que la nature même de leurs principes constituants. C'est là une vérité dont ont pu s'assurer tous ceux qui se sont occupés de la nature des terres, sous le rapport agricole (1). »

Les faits suivants montrent combien l'état physique des matières terreuses influe sur leurs propriétés.

L'*argile pure* forme, dans son état naturel, un sol trop consistant et trop lourd, qui est nuisible à la végétation. Cette même *argile calcinée* forme, lorsqu'elle est en poudre fine, un sol poreux qui la favorise.

La *silice* et le *calcaire* composent, sous forme *sablonneuse*, lorsqu'ils prédominent, un sol entièrement sec et chaud, dans lequel les plantes se dessèchent et meurent à cause du manque d'humidité. — Sous forme *pulvérulente*, ils forment, au contraire, un sol trop humide sur lequel les plantes souffrent d'un mal contraire au premier.

100 parties de *calcaire*, à l'état de *sable*, c'est-à-dire en parcelles dures, ne retiennent que 29 parties d'eau ; tandis que 100 parties de la même substance en *poudre fine* en absorbent jusqu'à 85 parties.

100 parties de *sable siliceux* ne retiennent que 25 parties d'eau, tandis que 100 parties de *silice fine*, telle qu'on

____

(1) *Annales agricoles* de Roville, t. 4, p. 153.

l'obtient dans les laboratoires, peuvent retenir jusqu'à 280 parties d'eau.

Il est donc bien essentiel d'avoir égard aux propriétés physiques des sols, qui, comme on le voit, par les exemples précédents, sont fort souvent indépendants de leur constitution chimique ; mais il faut savoir apprécier et juger ces propriétés au moyen des méthodes rigoureuses d'investigation que la science met en notre pouvoir, et non d'une manière vague et arbitraire, comme le font les simples praticiens. Le meilleur modèle à suivre, sous ce rapport, est sans contredit, la méthode d'expérimentation du professeur Schübler, qui occupa, avec tant de distinction, la chaire de chimie agricole à l'institut d'Hoffwyll. Plusieurs autres agronomes, tels entre autres que Thaër, Davy, Chaptal, Mathieu de Dombasle, ont bien donné quelques renseignements précieux sur le même sujet ; mais aucun n'a soumis les terres à une série d'expériences comparables, et n'a fait une si heureuse application des sciences physiques à l'agriculture que Schübler dans ses *recherches sur les propriétés physiques des terres* (1). Dans tout ce qui va suivre, je mettrai largement à contribution son savant travail, dont la traduction nous a été donnée par M. de Gasparin, qui, dans son remarquable *Mémoire sur la garance*, nous a montré tout le parti qu'on pouvait tirer des préceptes et des procédés du chimiste allemand (2).

(1) *Recherches sur les propriétés physiques des terres*, par le docteur Schübler ; traduites de l'allemand avec une introduction et des notes par M. de Gasparin. — *Annales de l'agriculture française,* t. 40, 2ᵉ série, p. 101—261.

(2) *Mémoire sur la culture de la garance*, inséré dans le t. 2, p. 183 du Recueil des Mémoires d'agriculture et d'économie rurale, par M. de Gasparin, 1836. — Paris, chez Mᵐᵉ Huzard.

Les qualités physiques des sols qu'il importe de connaître, pour pouvoir estimer leur valeur, sont surtout :

     la densité ou poids spécifique,
     la ténacité, la cohésion ou l'adhérence,
     la perméabilité et la capillarité,
     la faculté d'absorber l'eau,
     l'aptitude à se dessécher à l'air,
     la diminution de volume par la dessiccation,
     la faculté d'absorption de l'humidité atmosphérique,
     la faculté d'absorption pour les gaz,
     la faculté d'absorber et de retenir la chaleur.

Je vais passer en revue ces diverses propriétés.

I. DENSITÉ OU POIDS SPÉCIFIQUE DES TERRES.

On désigne sous le nom de DENSITÉ ou de POIDS SPÉCIFIQUE, le poids d'un volume de terre comparé au même volume d'eau.

Pour le trouver, il y a plusieurs méthodes, mais la plus commode pour les agriculteurs est celle indiquée par sir H. Davy (1). Elle consiste à prendre le poids de la terre bien sèche qu'on doit essayer, en remplissant de cette terre un vase déjà à demi-plein d'eau. La différence entre le poids de la terre et le poids de l'eau donne la densité de la terre. Voici comment on opère.

On prend un flacon de verre à large ouverture et contenant exactement 2 litres. On y introduit d'abord un litre d'eau mesuré avec soin, puis on achève de le remplir avec la terre séchée à l'étuve ou au four (à $+$ 40° ou 50°), jusqu'à ce que l'eau monte à l'embouchure du vase.

(1) *Eléments de chimie agricole,* p. 195 et 338.

On constate alors la quantité de terre qu'il a fallu pour cela.

Supposons qu'on ait employé pour remplir entièrement le flacon 2,822 grammes de sable calcaire. Il est clair que ces 2,822 grammes de sable occupent le même volume ou tiennent autant de place qu'un litre d'eau, puisqu'il manquait seulement 1 litre d'eau pour remplir toute la capacité du flacon.

Comme on sait qu'un litre d'eau, à la température où l'on opère, pèse 1,000 grammes; il s'ensuit que le sable calcaire, pèse sous le même volume 2,822 grammes ou près de trois fois autant. Par conséquent, 2,822 est le poids spécifique du sable calcaire, comparé à celui de l'eau qui est 1,000.

Comme en agissant avec un flacon de 2 litres, cela nécessite de dessécher une grande quantité de terre, on peut opérer avec un vase qui ne continue qu'un quart de litre d'eau. Dans ce cas, on verse dans le vase 1/8e de litre d'eau pure, et on achève de le remplir avec la terre sèche. Le poids de la terre employée est multiplié par 8, pour obtenir la densité du décimètre cube ou litre.

Voici les poids spécifiques que Schübler a trouvé aux espèces principales de terre, dans lesquelles on pratique presque toutes les cultures.

Poids spécifique, celui de l'eau étant 1,000.

Sable calcaire. 2,822
    siliceux. 2,753
Glaise maigre (1). 2,701

(1) Schübler désigne sous ce nom, en suivant la synonymie de Thaër et de Crome, une argile contenant en moyenne 40 p. % de sable siliceux fin, qu'on peut en séparer mécaniquement. C'est la *boulbène des* Languedociens.

Glaise grasse (1).   2,652
Terre argileuse (2).   2,605
Argile pure (3).   2,591
Terre arable du Jura (4).   2,526
Terre calcaire fine ou chaux carbonatée pulvéru-
    lente.   2,468
Terre arable d'Hoffwyll (5).   2,401
Gypse ou sulfate de chaux.   2,558
Terre de jardin (6).   2,332
Carbonate de magnésie.   2,232
Humus.   1,225

Il ressort de ces faits :

1º Que le *sable* est la partie la plus pesante des terres arables ;

2º Que les *argiles* sont d'autant plus légères qu'elles contiennent moins de sable ;

(1) C'est une argile dont on peut séparer 24 p. % en moyenne de sable siliceux fin.

(2) C'est une argile dont on peut encore séparer, terme moyen, 10, 75 p. % de sable siliceux fin.

(3) C'est une argile, privée de sable, d'un gris bleuâtre, douce au toucher et un peu grasse, composée, d'après Schübler, de : 58 de silice, 36,2 d'alumine et 5,2 d'oxide de fer.

(4) Cette terre, prise dans un vallon du voisinage du Jura, était composée de : 63 de sable siliceux, 33,3 d'argile, 1,2 de sable calcaire, 1,2 de carbonate de chaux pulvérulent, et 1,2 d'humus.

(5) Cette terre, d'un des champs de l'institut d'Hoffwyll, renfermait : 51,1 d'argile, 42,7 de sable siliceux, 0,4 de sable calcaire, 2,3 de carbonate de chaux pulvérulent, et 3,4 d'humus.

(6) Cette terre légère, noire et fertile, consistait en : 52,4 d'argile, 36,5 de sable siliceux, 1,8 de sable calcaire, 2,0 de carbonate de chaux pulvérulent, et 7,2 d'humus.

3° Que la *terre calcaire fine*, le *carbonate de magnésie* et l'*humus* diminuent la densité des sols et les rendent légers, pulvérulents et secs ;

4° Q'une *terre arable* est ordinairement d'autant plus pesante qu'elle contient plus de sable, et au contraire, d'autant plus légère qu'elle contient plus d'argile, de terre calcaire, et principalement d'humus ;

5° Que, par conséquent, on peut conclure, *jusqu'à un certain point*, du poids d'un sol ses principales parties constituantes ;

6° Enfin que la qualité que les agriculteurs pratiques attribuent à un sol d'être *pesant* ou *léger*, ne s'entend ni de sa densité ni de son poids absolu, puisque les argiles sont, dans l'état sec comme dans l'état humide, plus légères que le sable pur, mais du plus ou moins de résistance que les terres opposent aux instruments de culture, résistance dont je vais parler.

II. — TÉNACITÉ, COHÉSION, ADHÉRENCE DES TERRES.

La *ténacité* et la *consistance* du sol ont une grande influence sur la végétation et sur la culture. Les cultivateurs désignent ces propriétés par le nom de *sol léger* ou *pesant*. Il convient donc de les soumettre à un examen approfondi, soit dans l'état sec, soit dans l'état humide.

M. Payen (1) indique un procédé très-simple pour reconnaître approximativement la ténacité d'un sol. On humecte la terre avec assez peu d'eau pour que, tassée et roulée entre les mains, elle forme une boule dure d'environ 27 millimètres de diamètre ; on la laisse sécher au

____

(1) *Maison rustique*, t. 1, p. 40.

soleil ou sur un poêle, puis on l'examine comparativement.

Pour les *sols très-sableux et légers*, la consistance est si faible que la boule s'écrase sous une pression faible, ou même spontanément sous son propre poids ;

Les *bonnes terres arables* résistent plus ou moins à la pression entre les doigts, mais un certain effort ou un léger choc les réduit subitement en poudre ;

Les *glaises*, les *terres argileuses fortes*, exigent le choc d'un corps dur, et restent en fragments que l'on ne peut écraser sous les doigts.

Si l'on fait chauffer au rouge-cerise toutes ces boules, qu'on les laisse refroidir, et qu'ensuite on les plonge dans l'eau :

Les *terres sableuses* se désagrégent instantanément ;

Les *terres très-calcaires* se délaient plus lentement, et même exigent une pression entre les doigts ; .

Les *argiles* et *terres argileuses fortes* conservent leurs formes, et même sont beaucoup plus dures qu'avant d'avoir été chauffées.

Pour éprouver d'une manière plus exacte la ténacité des terres *à l'état sec*, la méthode suivante, employée par Schübler, est préférable à toute autre. On fait avec chaque terre en particulier, dans son état d'humidité moyenne, des morceaux longs ou parrallèlipipèdes, au moyen de moules de bois d'une longueur de 45 millimètres, et de 13 millimètres 1/2 de largeur et de hauteur. Dès qu'ils sont parfaitement secs, on les pose sur deux points d'appui éloignés l'un de l'autre de 33 millimètres 7/10es, puis on les charge peu-à-peu de petits poids jusqu'à ce qu'ils viennent à casser. Le poids qu'ils supportent sert de mesure à leur ténacité. Les poids sont placés dans un petit plateau de balance qu'on suspend, au moyen d'une bride, au centre des briquettes.

La figure suivante donne une idée du petit appareil qu'on emploie pour ces expériences.

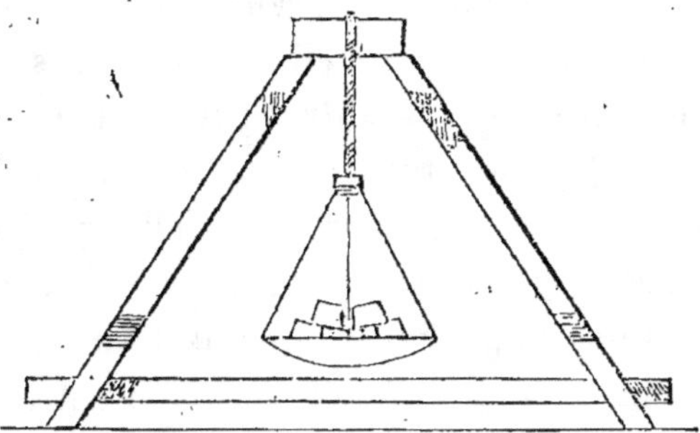

La quantité de poids que supportent les terres argileuses, avant de rompre, est énorme. Elle monte, pour l'argile pure, à 11 kilogrammes 100 grammes. La chaux fine et pure, au contraire, ne supporte que 1 kilogramme 729 gr.

Dans le tableau suivant, on a pris la ténacité de l'argile (11 kilog. 100 gr.) pour mesure commune de 100 degrés, et on compare à cette mesure la ténacité des autres terres.

ESPÈCES DE TERRES.	TÉNACITÉ de la terre sèche, celle de l'argile pure étant 100°.	TÉNACITÉ en poids.
		kilog.
Argile pure.	100,0	11 . 100
Terre argileuse.	85,3	9 . 250
Glaise grasse.	68,8	7 . 640
Glaise maigre.	57,3	6 . 360
Terre arable d'Hoffwyll.	33,0	3 . 660
Terre arable du Jura.	22,0	2 . 440
Carbonate de magnésie.	11,5	1 . 270
Humus.	8,7	0 . 970
Terre de jardin.	7,6	0 . 840
Gypse.	7,3	0 . 810
Terre calcaire fine.	5,0	0 . 550
Sable siliceux.	0,0	0 . 000
Sable calcaire.	0,0	0 . 000

Le mode d'essai, employé par Schübler n'a jamais une précision extrême ; il suffit qu'une paille presque invisible ou que quelques gros grains de sable se glissent dans une briquette, pour qu'elle rompe sous un poids beaucoup moindre que les autres ; il est donc bon d'en avoir plusieurs, et de prendre le terme moyen pour la véritable ténacité du sol, en écartant celles qui présentént des anomalies trop fortes La variation est encore très-grande, ainsi que l'observe M. de Gasparin, selon qu'on a plus ou moins corroyé ou pétri la terre entre les mains avant de la mettre dans son moule, ét selon aussi qu'on l'a plus ou moins pressée dans ce moule. Pour obvier à cet inconvénient, M. de Gasparin verse la terre dans le moule dans un état de fluidité, et fait peser sur elle, pendant le séchage, un poids uniforme d'un kilogramme. Au lieu de poids, il se sert de petit plomb de chasse, qu'il fait couler doucement et sans secousse dans le bassin de la balance, et il suspend ce bassin à une large courroie, qui porte sur tout l'intervalle qui sépare les appuis. Il donne à ses briquettes 15 millimètres de côté, et il met un espace de 40 millimètres entre les points d'appui. Toutes ces pré-cautions mettent plus d'uniformité et de régularité dans les résultats.

Lorsqu'on travaille une terre, dans l'*état humide*, il ne faut pas seulement vaincre la cohésion de la terre même, mais principalement son adhérence aux instruments d'a-griculture. Schübler indique le moyen suivant pour déter-miner comparativement la force nécessaire pour travailler différentes espèces de terres. On prend deux disques d'une égale grandeur, un décimètre carré, en fer et en bois de

hêtre, substances dont on se sert le plus souvent pour con-
fectionner les instruments de culture ; on les attache successivement à l'un des bras d'une balance très-sensible, en
ayant soin qu'ils y soient en équilibre. On met alors chaque
disque en contact parfait avec la terre à examiner, et l'on
charge le plateau de la balance de poids, jusqu'à ce que
le disque se détache de la terre. La quantité des poids
employés donne la mesure de l'adhérence du disque avec
la terre.

Voici la disposition de l'appareil :

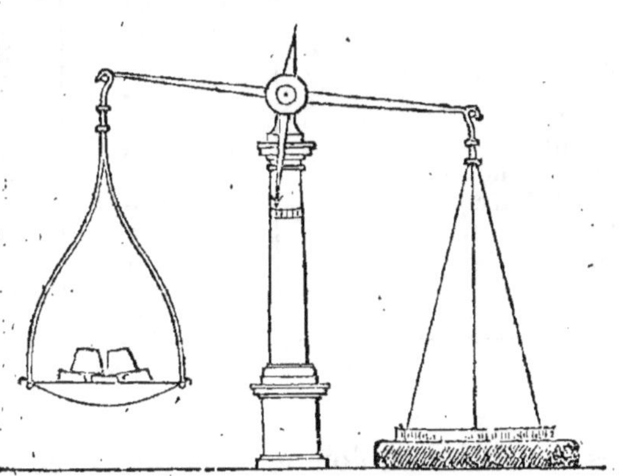

Comme il est très-important, pour ce genre d'essai, de
comparer les terres dans le même état d'humidité, on les
emploie chaque fois dans l'état où elles se trouvent, quand,
après avoir été délayées dans l'eau et jettées sur un tamis,
elles ne laissent plus dégoutter d'eau.

Voici les résultats obtenus par ce mode d'expérimentation.

ESPÈCES DE TERRES.	ADHÉRENCE à l'état humide aux instruments de culture sur un décimètre carré	
	de fer.	de bois de hêtre.
	kilog.	kilog.
Argile pure.	1 . 220	1 . 320
Terre argileuse.	0 . 780	0 . 800
Terre calcaire fine.	0 . 650	0 . 710
Gypse.	0 . 490	0 . 550
Glaise grasse.	0 . 480	0 . 520
Humus.	0 . 400	0 . 420
Glaise maigre.	0 . 350	0 . 400
Terre de jardin.	0 . 290	0 . 340
Carbonate de magnésie.	0 . 260	0 . 320
Terre arable d'Hoffwyll.	0 . 260	0 . 280
Terre arable du Jura.	0 . 240	0 . 270
Sable calcaire.	0 . 190	0 . 200
Sable siliceux.	0 . 170	0 . 190

Voici les conclusions qu'on peut déduire, avec Schübler, des deux tableaux précédents :

1° La dénomination de *sol léger* ou *pesant*, si commune chez les agriculteurs, repose sur la ténacité de la terre et sur son adhérence aux instruments de culture, et cette dénomination marque ainsi plutôt un sol plus ou moins facile à travailler, ou un sol plus ou moins consistant, qu'aucun rapport de poids.

Par les moyens indiqués précédemment, on peut trouver le dégré de cette propriété des différentes terres avec une exactitude suffisante pour la pratique. Un sol est très-facile à travailler si sa ténacité, dans l'état sec, n'excède pas 10 degrés (1 kilogr. 110); au contraire, il est déjà assez difficile à travailler quand cette ténacité va jusqu'à 40 degrés (4 kilogr. 440). — Un sol, dans son état humide, est facile à travailler lorsqu'une surface d'un décimètre n'est retenue que par un poids de 150 à 300 grammes ; mais il est déjà très-difficile quand il faut employer un poids de 700 grammes ; l'argile pure exige même un poids de 1 kilog. 320 grammes. — Les terres arables sont entre ces extrêmes avec différents degrés de ténacité et d'adhérence, comme l'indique le dernier tableau.

2° La ténacité et l'adhésion d'un sol ne sont pas en proportion directe de sa faculté de retenir l'eau, puisque la terre calcaire fine et l'humus qui la possèdent à un degré éminent et à un plus haut degré que l'argile, ont bien moins de ténacité et de cohésion que celle-ci, et forment un sol facile à travailler.

3° Plusieurs espèces de sols légers (les sols sablonneux) gagnent beaucoup de cohésion par l'humidité; le sable sec n'en a aucune ; mouillé, il en acquiert une considérable.

4° L'adhérence à une surface de bois est toujours plus forte que celle à une égale surface de fer. Ce phénomène nous est offert par chaque terre en particulier. Un fait qui se présente dans la pratique en grand pourrait paraître en contradiction avec cette dernière conclusion ; ainsi il arrive souvent qu'un sol pesant est plus facile à travailler, par un temps humide, avec des herses de bois qu'avec des herses de fer ; mais cela ne vient que de ce qu'en raison de son poids, l'instrument en fer s'enfonce plus profondément que celui en bois, et présente ainsi plus de surface au frottement.

5° En général, la consistance d'une terre arable est d'autant plus grande qu'elle contient plus d'argile.

Tout le monde a pu observer combien la cohésion des mottes de terre diminue quand un champ fraîchement labouré vient à geler, et combien elles deviennent alors plus friables. Schübler a cherché à se rendre compte de ce phénomène, et il a fait plusieurs essais qui lui ont appris qu'il est nécessaire pour que la terre perde de sa ténacité et de sa cohésion par le froid, qu'elle soit préalablement humide. Dans ces circonstances, la diminution est de moitié pour un grand nombre de terre ; mais l'argile pure ne peut pas même supporter la pression du doigt. Ces essais expliquent les bons effets des labours d'automne ; le froid peut pénétrer beaucoup plus dans l'intérieur de la terre ; sa masse se gèle mieux et garde plus long-temps sa porosité au printemps, et les labours sont alors moins utiles dans cette saison ; labours, qui, faits avec un temps un peu humide, font perdre à la terre cette porosité que le froid lui avait procurée. Si toute la terre est humide lors de ces labours de printemps, dans un sol argileux, le préjudice est considérable et est souvent sensible pendant plusieurs mois. M. de Gasparin dit que lorsqu'un champ, dans le midi de la France, est labouré au printemps, alors qu'il est un peu humide, on ne peut l'ensemencer en automne, en raison de sa cohésion qui est telle qu'on ne peut en briser les mottes.

La diminution de cohésion par le froid provient sans aucun doute de la congélation de l'eau contenue dans la terre ;

les cristaux de glace, en se formant, écartent les particules de la terre, et les tiennent ainsi à une plus grande
distance qu'auparavant. Mais cette diminution de consistance n'est pas toujours de longue durée, car en labourant
bien la terre dégelée, elle reprend sa cohésion primitive.

Il y a encore une cause qui diminue considérablement
la ténacité et la cohésion du sol ; c'est l'action d'une forte
chaleur, telle qu'on l'obtient par la pratique de l'*écobuage*.
Dans ce cas, les changements physiques que le sol éprouve
ont une longue durée. Par cette opération, l'argile pure
qui, auparavant formait le sol le plus compacte, devient
très-friable et très-meuble, et l'humectation devient im-
puissante à lui rendre sa consistance primitive. Dans plusieurs parties de l'Écosse, il est d'usage d'améliorer le sol
en brûlant l'argile.

III.—PERMÉABILITÉ ET CAPILLARITÉ.

La PERMÉABILITÉ est la propriété que possède le sol de
laisser filtrer l'eau au travers de sa masse. Cette propriété
est fort utile, puisque c'est par elle que l'eau, les liquides
nutritifs ou stimulants, l'air et les gaz parviennent aux extrémités spongieuses des racines. Toutes les pratiques qui
ont pour effet de diminuer la cohésion et la ténacité du sol,
telles que le labourage, le hersage, le binage, etc., ac-
croissent en même temps la perméabilité, et favorisent par
cela même la végétation.

Pour déterminer la perméabilité comparative des différentes terres, on prend de chaque un poids égal, 1 kilogr.
par exemple, au même état de siccité. On délaye chacune

d'elles avec un litre d'eau, puis on jette la bouillie sur un tamis placé au-dessus d'une terrine, comme on le voit dans la figure ci-jointe :

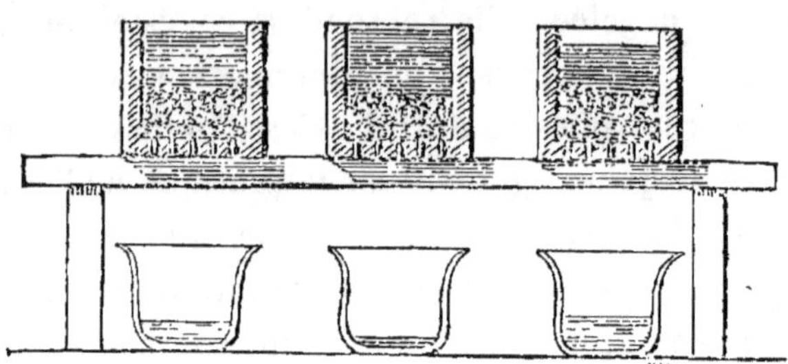

On arrose ensuite chaque terre avec 10 litres d'eau ; pour éviter que le niveau de la terre se dérange, on aplanit à chaque fois la surface de la bouillie avec une palette en bois. On note le temps que met l'eau à traverser la terre, et la vitesse de l'écoulement donne le degré relatif de la perméabilité. Les deux extrêmes, parmi toutes les terres, sont le sable qui laisse filtrer l'eau aussi vite qu'on la verse, et l'argile plastique qui la laisse à peine couler goutte à goutte.

L'imprégnation des sols par l'eau est bien due à la perméabilité de leurs parties ; mais cette propriété seule ne suffit pas pour expliquer l'ascension et la filtration des liquides environnants jusqu'aux extrémités des racines, lorsque les solutions en contact ont été absorbées, pour rendre compte du retour à la superficie des liquides infiltrés, au fur et à mesure que l'évaporation entraîne l'eau dans l'atmosphère. Ces effets sont dûs à une autre propriété fort importante des sols et de toutes les matières poreuses, à la CAPILLARITÉ.

Si l'on

Si l'on plonge dans l'eau des tubes de verre d'un petit diamètre, ou des plaques de verre que l'on tient dans une position verticale et très-rapprochées l'une de l'autre, on voit le liquide s'élever dans les tubes ou entre les lames au dessus de son niveau habituel et s'y maintenir; et son élévation est d'autant plus considérable que les tubes sont plus étroits ou les lames plus rapprochées. Ce phénomène dépend de l'affinité du liquide pour le verre, et de l'attraction des molécules du liquide les unes pour les autres. La nature du solide n'a aucune influence sur ce phénomène, car il se produit avec tous les solides que le liquide peut mouiller. Mais si, en outre, ces solides sont perméables, quelle que soit d'ailleurs l'irrégularité des pores, le liquide monte dans son intérieur. Ainsi, un morceau de sucre qui ne touche l'eau que par un point s'en pénètre bientôt jusqu'à son sommet; la mèche d'une lampe s'imbibe d'huile dans toute sa hauteur; l'éponge, les pierres tendres, les terres plus ou moins légères, s'humectent rapidement dans toute leur étendue lorsqu'elles sont en contact avec l'eau par un seul de leurs points inférieurs. Tous ces effets qui sont, pour ainsi dire vulgaires, sont autant d'exemples de ce qu'on appelle l'ACTION CAPILLAIRE OU LA CAPILLARITÉ.

C'est cette action capillaire qui dissémine l'humidité uniformément dans toutes les parties du sol, qui fait revenir près de sa surface les substances solubles et fixes que l'eau entraîne avec elle, mais qu'elle laisse dans le sol lorsqu'elle est réduite en vapeur. Cette CAPILLARITÉ des terres, qui est une de leurs propriétés les plus importantes, est en rapport avec leur PERMÉABILITÉ et elle est d'autant plus prononcée et efficace que celle-ci n'est ni trop grande, comme dans les sables, ni trop faible, comme dans les argiles compactes. Il y a donc, comme on voit, utilité pour la pratique à modifier la constitution physique des terres arables de manière à leur donner un degré convenable de perméabilité, puisqu'ainsi on favorise la circulation de l'eau et des solutions nutritives et stimulantes dans toutes leurs parties.

IV. FACULTÉ D'ABSORBER ET DE RETENIR L'EAU.

Au premier abord, il semblerait que la faculté qu'ont les terres d'absorber et de retenir l'eau ne diffère pas sensiblement de la PERMÉABILITÉ dont je viens de parler. Mais lorsqu'on examine un peu attentivement ces deux genres d'effets, on s'apperçoit bientôt qu'ils dépendent de deux propriétés bien distinctes. Une matière poreuse laisse passer l'eau plus ou moins vite au travers de sa masse, sans que pour cela on connaisse la quantité d'eau qu'elle retient entre ses particules. Cette quantité dépend de son affinité plus ou moins prononcée pour ce liquide ; or la perméabilité n'a aucun rapport avec cette affinité. Si cette affinité n'existait pas, toute l'eau qu'on verse sur une terre, ou resterait à sa surface sans la pénétrer dans le cas d'une trop grande cohésion de la terre, ou s'écoulerait en totalité à travers ses interstices, sans qu'il en restât la moindre partie dans l'intérieur, et dans l'un et l'autre cas la terre ne pourrait fournir aux racines des plantes l'eau dont elles ont besoin pour leur développement. La propriété d'absorber et de retenir l'eau entre leurs molécules, sans la laisser échapper, est donc une des propriétés les plus importantes des sols, et une de celles qui influent surtout sur leur fertilité.

On estime cette propriété de la manière suivante : On prend 20 grammes de la terre à essayer, après l'avoir bien desséchée à 40 ou 50°, en la plaçant par exemple pendant une demi-heure sur un poêle ou sur la sole d'un four après la cuisson du pain. On la mêle avec de l'eau dans une capsule de verre, jusqu'à ce qu'elle forme une bouillie claire ; on verse cette bouillie sur un filtre de papier gris qui a déjà été mouillé et pésé ; on lave la capsule avec de l'eau, qu'on jette aussi sur le filtre pour qu'aucune parcelle de la terre ne soit perdue. Lorsqu'il ne dégoutte plus d'eau du filtre, on le pèse avec son contenu. L'augmentation de poids résulte de la quantité d'eau absorbée par la terre, et indique sa faculté de retenir l'eau.

Supposons le poids de la terre en ex-
    périence, dans son état de siccité,
    égal à. . . . . 20 gr. $\Big\}$ . . 25
       Celui du filtre mouillé. . . . 5
Après sa complète imbibition, la terre
    restée sur le filtre pèse.   35
La quantité d'eau absorbée et retenue
    par la terre est donc de.   10
      Faisant alors la proportion :

$$20 : 10 :: 100 : x = \frac{1,000}{20} = 50$$

On trouve que la faculté de retenir l'eau est, pour cette terre, de 50 p. 0/0.

Voici les résultats obtenus, pour les diverses espèces de terres, par cette manière d'opérer.

ESPÈCES DE TERRES.	100 PARTIES retiennent d'eau.
Sable siliceux.	25
Gypse.	27
Sable calcaire.	29
Glaise maigre.	40
Terre arable du Jura.	48
Glaise grasse.	50
Terre arable d'Hoffwyll.	52
Terre argileuse.	60
Argile pure.	70
Terre calcaire fine.	85
Terre de jardin.	89
Humus.	190
Carbonate de magnésie.	456

Les principales conclusions à tirer de ce tableau sont :

1º Que les sables sont les terres qui retiennent le moins d'eau ;

2º Que les terres argileuses en retiennent d'autant plus qu'elles contiennent moins de sable ;

3º Que l'affinité du calcaire pour l'eau est très-variable suivant sa forme, puisque sous forme de sable, il n'absorbe que 29 p. 0/0 d'eau, tandis qu'à l'état de poudre fine, il en retient jusqu'à 85 p. 0/0. Ces deux états du calcaire doivent donc être distingués soigneusement dans toute recherche sévère, et il est toujours facile d'isoler la poudre du sable au moyen de la lévigation ;

4º Que l'excessive affinité de la magnésie pour l'eau est,

sans doute, une des causes qui rendent les terres fortement magnésiennes très-impropres à la culture ;

5° Que de tous les éléments dont un sol est composé, à l'exception de la magnésie, l'humus est celui qui a la plus grande affinité pour l'eau, puisqu'il en retient presque le double de son poids. Par conséquent, les terres abondantes en humus ont, pour cette raison, une grande affinité pour l'eau, et c'est sous ce rapport qu'on a dit que la valeur des terres était en raison de leur faculté de retenir l'eau. Mais, ainsi que l'observe avec beaucoup de justesse M. de Gasparin, cette assertion ne serait vraie qu'en comparant entre elles des terres dont la composition minérale serait d'ailleurs identique.

V.—APTITUDE A SE DESSÉCHER A L'AIR.

L'aptitude des terres à restituer plus ou moins vite à l'air atmosphérique l'humidité dont elles sont chargées, n'est pas moins importante pour la végétation, que la faculté de la retenir, et il est toujours avantageux que le sol se dessèche plus ou moins promptement. Cette propriété est une de celles qui mérite le plus d'être connue, car il est évident que les sols qui se dessèchent le plus rapidement sont les plus *secs* et les plus *chauds*, tandis que ceux qui retiennent trop opiniâtrement les eaux pluviales sont les plus *humides* et les plus *froids*. Or, les uns et les autres nécessitent des amendements très-différents.

On peut estimer approximativement la propriété dont il s'agit, en constatant, par la perte en poids, pendant une égale durée de temps, dans le même air, combien chaque sorte de terre très-mouillée, laisse exhaler d'eau sur la proportion qu'elle renferme. Pour ces expériences, on prend les terres dans un état de complète imbibition, telles qu'elles restent sur les tamis dont nous nous sommes servis pour évaluer les divers degrés de perméabilité.

On charge des disques de ferblanc verni d'un décimètre carré, d'une égale quantité de terre humide ; on note le poids de ces disques ainsi chargés, et on les place dans une étuve ou dans un lieu où la température reste constamment à $+ 30°$. L'étuve ou le local est desséché au moyen de fragments de chlorure de calcium fondu qu'on laisse auprès des terres pendant l'opération. Au bout d'une heure, on retire les disques, on les pèse de nouveau, et la perte en poids indique la quantité d'eau évaporée. On fait ensuite dessécher entièrement les terres, comme il a été dit ci-dessus, afin de connaître la proportion d'eau que chaque sorte de terre contenait en commençant.

On réduit la quantité d'eau renfermée dans la terre à 100, pour avoir un point de comparaison général. Un exemple est nécessaire pour bien faire comprendre la manière d'opérer.

Poids de la terre humide. . . . . 310 gr.

Poids de la même terre, après une
heure d'exposition à une chaleur
de 30°. 260

Poids de l'eau exhalée en une heure. . 50

Poids de la terre humide. 310

Poids de la terre parfaitement sèche. . 200

Quantité d'eau contenue dans la terre
au commencement de l'opération. . 110 gr.

Voulant savoir maintenant combien perdent 100 parties d'eau, si 110 parties perdent 50 , nous avons à faire la proportion suivante :

$$110 : 50 :: 100 : = \frac{100 \times 50}{110} = 44,5.$$

Il résulte des expériences de Schübler, à cet égard , que les terres suivantes , supposées contenir 100 parties d'eau, perdent en 4 heures 4 minutes, à la température de $+ 18° 75$, les quantités d'eau ci-indiquées :

Sable siliceux.	88,4
calcaire.	75,9
Gypse.	71,7
Glaise maigre.	52,0
grasse.	45,7
Terre arable du Jura.	40,1
argileuse.	34,9
arable d'Hoffwyll.	52,0
Argile pure.	31,9
Terre calcaire fine.	28,0
de jardin.	24,5
Humus.	20,5
Carbonate de magnésie.	10,8

On peut conclure de ce tableau :

1° Que les sables et le gypse sont, entre toutes les terres, celles qui se dessèchent le plus facilement ou perdent le plus d'eau dans le même temps. C'est , pour cette raison , qu'ils forment les sols les plus *chauds*;

2° Que le calcaire agit encore ici d'une manière toute différente, suivant ses différentes formes. En effet , le *sable calcaire* constitue un sol très-chaud, tandis que la *terre calcaire fine* retient très-long-temps l'humidité et même plus long-temps que l'argile. Néanmoins, sous ce dernier état, la terre calcaire mérite une préférence marquée sur l'argile, parce qu'en raison de son alcalinité, elle exerce une influence chimique sur l'humus, et parce que, d'ailleurs, elle reste toujours *légère* ;

3° Que l'argile se dessèche d'autant plus rapidement qu'elle est plus sableuse ;

4° Que l'humus retient l'eau plus énergiquement et se dessèche moins promptement que la plupart des substances terreuses ordinaires, d'où il suit qu'une faible proportion d'humus dans une terre arable entretient une humidité utile ;

5° Que le carbonate de magnésie contribue à rendre les sols *froids* et *humides*, puisqu'il contient le plus d'eau et en laisse exhaler le moins. Voilà pourquoi, surtout quand il est pur et pulvérulent, il rend les terrains peu propres à la végétation et à la culture.

L'évaporation de l'eau, à la surface du sol, varie notablement suivant qu'il est dépourvu ou couvert de plantes. Ainsi les physiciens nous apprennent que la terre arable, dans l'état moyen d'humidité où elle est entretenue naturellement, perd en un an une couche d'eau égale à 24 centimètres, tandis que recouverte de végétaux en pleine culture, elle perd dans le même espace de temps une couche d'eau égale à 27 centimètres. L'évaporation, au reste, n'a guère lieu que pendant le jour, car celle de la nuit est souvent plus que compensée par la rosée (1).

(1) Person.—*Éléments de physique*, 2ᵉ partie, p. 108.

VI.—DIMINUTION DE VOLUME PAR LA DESSICCATION.

Presque toutes les terres arables, comme chacun sait, prennent un RETRAIT plus ou moins considérable par la dessiccation ; et, lorsque cette propriété est portée à son maximum, il se produit, dans le sol des crevasses qui, quand elles sont larges et nombreuses, nuisent singulièrement à la végétation. Alors, en effet, les racines chevelues qui s'approchent plus ou moins de la direction horizontale, et qui fournissent le plus de nourriture aux plantes, se dessèchent et se rompent.

Dans plusieurs contrées, l'agriculteur se sert, pour estimer la bonté du sol, d'un moyen, très-anciennement connu, qui est fondé en partie sur cette propriété. On creuse une fosse dans le terrain vierge, non labouré, puis on la comble avec la terre qu'on vient d'en ôter. On regarde le terrain comme d'excellente qualité, si la fosse est entièrement remplie avec la même masse de terre ; il est réputé mauvais dans le cas où il n'y a plus assez de terre pour remplir complétement le trou.

Mais ce mode d'essai est fort inexact, et voici pourquoi: « Un terrain vierge, dit M. de Gasparin, a toujours ses
» couches inférieures tassées ; ainsi, plus l'on creusera et
» mieux l'on trouvera de quoi remplir la fosse avec la
» terre remuée, quelle que soit la nature du terrain.
» Il semble donc que l'épreuve indiquée par les auteurs
» anciens, et répétée à satiété par leurs copistes, ait été
» imaginée par quelques vendeurs de terres dans le but de
» les faire trouver toutes bonnes. Il n'en serait pas de même
» si l'on calculait ce qui reste de chaque espèce de terre
» après que les fosses sont comblées ; alors les sols se clas-

» seraient d'après leur propension à se tasser. Mais cette
» propension n'a pas un rapport direct avec le retrait ,
» puisque le plus souvent le fond du sol est plus humide
» que la surface; elle en aurait un plus direct avec la TÉNA-
» CITÉ , qui indique la propension de la terre à rapprocher
» ses molécules. »

Pour soumettre la faculté de *retrait* des terres à une
mesure comparative , voici comment on agit , d'après
Schübler.

On forme avec les différentes terres également humec-
tées , des morceaux cubiques égaux de 22 millimètres 1/2
de hauteur , longueur et largeur. On les fait dessécher à
l'ombre dans un appartement, à une température de + 15
à 18°; on les y laisse pendant plusieurs semaines , jusqu'à
ce qu'ils ne perdent plus de leur poids ; alors on détermine
leur volume actuel à l'aide d'une mesure qui permet d'é-
valuer chaque côté à 1/5° de millimètre près.

Voici les résultats comparatifs obtenus par cette méthode :

ESPÈCES DE TERRES.	1000 LIGNES cubes se réduisent à	1000 PARTIES perdent de leur volume
Terre calcaire fine.	950	50
Glaise maigre.	940	60
grasse.	911	89
Terre arable du Jura.	905	95
argileuse.	886	114
arable d'Hoffwyll.	880	120
de jardin.	851	149
Carbonate de magnésie.	846	154
Argile pure.	817	183
Humus.	800	200

Le sable siliceux , le sable calcaire et le gypse ne diminuent pas de volume ou du moins fort peu , et se brisent au plus léger attouchement.

Voici les conséquences qui découlent du tableau précédent:

1° De toutes les terres , l'humus est celle qui prend le retrait le plus considérable ; il est égal au cinquième de son volume. L'humus acquiert aussi beaucoup de volume, à mesure qu'on l'humecte. Ces propriétés de l'humus expliquent comment les terrains qui en sont abondamment pourvus , comme les bas-fonds de tourbe , s'abaissent ou s'élèvent successivement de plusieurs centimètres , selon leur état de sécheresse et d'humidité. Dans des terrains tourbeux améliorés , en Irlande , cet effet fut si prononcé, que l'on fut surpris d'avoir tout-à-coup la vue de la mer , d'un château qui semblait enfoncé dans les terres et surmonté par elles , après qu'on eût opéré leur desséchement.

2° Entre toutes les terres qui ne contiennent pas d'humus, l'argile est celle qui perd le plus de son volume par la dessiccation ; cette qualité diminue beaucoup quand on y ajoute du sable , du calcaire ou de la marne.

3° La réduction du volume par la dessiccation n'est pas, comme on pourrait le supposer, proportionnée à la faculté des terres pour retenir l'eau. La terre calcaire fine possède une grande affinité pour l'eau, et cependant son retrait est peu de chose, 50 parties sur 1000, tandis que l'argile perd 183 parties. Cette qualité n'a pas non plus de rapport avec la consistance du sol ; l'humus possède une ténacité moindre que l'argile , néanmoins son retrait est beaucoup plus fort.

4° On explique en partie la pulvérisation de la marne , abandonnée aux influences atmosphériques , par la diffé-

rence de retrait de ses composants, l'argile et la terre calcaire fine ; les points de contact des différentes parties sont
écartés par le retrait inégal, et le morceau de marne tombe
ainsi en fragments ou en poussière.

5° Ceci explique encore en partie l'influence salutaire de
la marne calcaire, préférable à un simple mélange de sable
et d'argile. Le calcaire diminue la consistance et la ténacité
du sol ; mais, il possède, en outre, un plus grand pouvoir
absorbant pour l'eau, une forte affinité pour les acides,
une action chimique sur l'humus, propriétés dont le sable
est dépourvu.

VII. — FACULTÉ D'ABSORPTION DE L'HUMIDITÉ ATMOS-PHÉRIQUE.

Le pouvoir des terres d'absorber, dans leur état sec,
l'humidité atmosphérique, est évidemment favorable à la
végétation, surtout pendant les temps de sécheresse, puisqu'il compense en partie par l'absorption pendant le nuit,
l'énorme évaporation qui a lieu pendant le jour.

Schübler a soumis cette propriété à une mesure comparative à l'aide de plaques en ferblanc pareilles à celles dont
j'ai déjà parlé, sur lesquelles il répandait en une couche
unie des quantités égales des différentes terres en poudre
fine et sèche. Ces terres étaient exposées à un air également
chargé de vapeur d'eau, puisqu'elles étaient placées, à la
même température (15 à 18°), sous une cloche fermée en
bas par de l'eau. Après 12, 24, 48 et 72 heures de temps,
les terres étaient pesées avec les plaques ; l'augmentation
de poids indiquait la quantité d'eau absorbée par chacune
d'elles.

Voici les résultats obtenus de cette manière.

ESPÈCES DE TERRES.	ABSORPTION par 500 centigram. de terre, étendue sur une surface de 36,000 millimètres carrés, en			
	12 heures	24 heures	48 heures	72 heures
	centigram.	centigram.	centigram.	centigram.
Sable siliceux.	0,0	0,0	0,0	0,0
Gypse.	0,5	0,5	0,5	0,5
Sable calcaire.	1,0	1,5	1,5	1,5
Terre arable du Jura.	7,0	9,5	10,0	10,0
d'Hoffwyll.	8,0	11,0	11,5	11,5
Glaise maigre.	10,5	13,0	14,0	14,0
grasse.	12,5	15,0	17,0	17,5
Terre calcaire fine.	13,0	15,5	17,5	17,5
argileuse.	15,0	18,0	20,0	20,5
de jardin.	17,5	22,5	25,0	26,0
Argile pure.	18,5	21,0	24,0	24,5
Carbonate de magnésie.	34,5	38,0	40,0	41,0
Humus.	40,0	48,5	55,0	60,0

Voici ce qu'on peut conclure du tableau précédent :

1° Les terres absorbent plus pendant les premières heures, et l'absorption diminue à proportion qu'elles ont acquis plus d'humidité. Ordinairement l'absorption cesse après quelques jours; les terres paraissent alors saturées. Elles absorbent plus pendant la nuit que pendant le jour, vraisemblablement à cause de la température moins élevée pendant la nuit.

2° De toutes les espèces de terres, c'est l'humus qui enlève le plus d'humidité à l'atmosphère ; il surpasse même, dans ce cas, le carbonate de magnésie.

3° Les argiles absorbent d'autant plus l'humidité, qu'elles contiennent moins de sable, mais jamais autant que l'humus.

4° Le sable siliceux pur et le gypse sont les seules terres

chez lesquelles il n'y ait pas d'absorption ; ils forment aussi, pour cette raison , un sol aride , sec et chaud. Le gypse calciné ou le plâtre cuit manifeste précisément la qualité contraire , car il absorbe beaucoup.

5° Quoique les terres arables absorbent ordinairement d'autant plus l'humidité qu'elles contiennent plus d'humus, la fertilité du sol ne peut pas être déterminée par ce seul indice , ainsi que sir H. Davy le croyait (1) , parce que l'argile pure , la terre calcaire fine et le carbonate de magnésie, absorbent beaucoup d'humidité sans contenir la moindre parcelle d'humus. — On voit , dans le tableau précédent , qu'une terre de jardin très-fertile , qui contenait 7,2 p. % d'humus , a absorbé , en 12 heures , 17,5 d'humidité ; une terre arable fertile 8,0 ; tandis que l'argile pure et infertile, absorbait , dans le même espace de temps , 18,5 ; la terre calcaire fine 13,0 et le carbonate de magnésie 34,5.

6° Cette faculté est *souvent* , mais non *dans tous les cas* , en proportion directe avec la faculté des terres pour retenir l'eau ; elle s'accorde moins souvent avec la faculté de se dessécher. Au reste , l'inégalité de la surface et le volume de la terre influent beaucoup sur ces phénomènes.

VIII.—FACULTÉ D'ABSORPTION POUR LES GAZ.

Les terres , outre la propriété d'enlever à l'air ambiant de la vapeur aqueuse , ont encore celle d'absorber l'air et les gaz qui s'y trouvent , mais surtout le gaz oxigène , l'élément le plus important du fluide atmosphérique. Plusieurs chimistes ont contesté cette dernière propriété , mais les expériences de Schübler l'ont mise hors de doute. Voici les

1) Davy.—*Eléments de chimie agricole ,* t. 1 , p. 220 et suivantes.

résultats de ses recherches à cet égard, et les inductions qu'on en peut tirer.

1. Les terres n'absorbent aucune trace d'oxigène, quand elles sont sèches. L'absorption n'a lieu que lorsqu'elles sont humides, et elle se produit encore quand elles sont recouvertes d'une certaine hauteur d'eau.

2. L'humus est, de toutes les substances terreuses, celle qui absorbe la plus grande quantité d'oxigène ; viennent ensuite la magnésie, les argiles, la terre calcaire fine, le sable calcaire, le gypse et le sable siliceux, comme on le voit par le tableau suivant :

ESPÈCES DE TERRES.	ABSORPTION à l'état parfaitement sec.	1000 GRAINS de terre ont absorbé, dans l'état humide, en 30 jours, de 15 pouces cubes d'air atmosphérique, les quantités d'oxigène suivantes :		
		pour 100.	selon le volume.	selon le poids.
			pouce cube.	grains.
Sable siliceux.	0	1,6	0,24	0,10
Gypse.	0	2,7	0,40	0,17
Sable calcaire.	0	5,6	0,84	0,33
Glaise maigre.	0	9,3	1,39	0,59
Terre calcaire fine.	0	10,8	1,62	0,69
Glaise grasse.	0	11,0	1,60	0,70
Terre argileuse.	0	15,6	2,04	0,85
Terre arable du Jura.	0	15,2	2,28	0,95
Argile pure.	0	15,3	2,29	0,97
Terre arable d'Hoffwyll.	0	16,2	2,43	1,03
Carbonate de magnésie.	0	17,0	2,38	1,08
Terre de jardin.	0	18,0	2,60	1,10
Humus.	0	20,3	3,04	1,29

3. L'absorption de l'oxigène par les terres ne paraît produire aucune réaction chimique, si ce n'est avec l'humus.

Ce dernier diffère , en effet , considérablement des autres substances terreuses sous ce rapport ; car il subit , par l'absorption , un changement chimique. L'oxigène enlève alors à l'humus une partie de son hydrogène pour former de l'eau , et il se dégage , aux dépens des éléments de l'humus,du gaz acide carbonique dont le volume est justement égal à celui de l'oxigène atmosphérique absorbé.

Lorsque l'humus est couvert d'eau , sa couleur brune devient noire , et il se forme de la sorte de l'*humus carbonisé* , effet qui se produit en grand dans les contrées marécageuses, où l'on trouve fréquemment de la tourbe unie à de l'humus acide et carbonisé , qui contient même souvent des acides phosphorique et acétique , et qui , par là , est presque toujours impropre à la végétation.

4. La chaleur atmosphérique et le froid ont une influence marquée sur la force de cette absorption de l'oxigène ; la première l'accélère , le second l'empêche. Les terres recouvertes d'une croûte mince de glace n'absorbent pas plus que les terres parfaitement sèches.

5. Les terres exposées au soleil présentent un phénomène remarquable lorsqu'elles sont recouvertes d'une légère couche d'eau ; il se forme au bout de 8 jours la *matière verte* de Priestley ou plutôt des conferves, et dès ce moment il se dégage de l'oxigène du sein du liquide , par suite de la décomposition du gaz acide carbonique absorbé par les petites plantes en pleine végétation (1).

(1) On peut consulter, sur cette influence de la matière verte des eaux stagnantes sur l'air atmosphérique , le Mémoire extrêmement curieux de M. A. Morren , d'Angers.—*Annales de chimie et de physique* , 3e série. Année 1841 , t. 1 , p. 456.

6.

6. Les substances terreuses inorganiques ne retiennent de l'oxigène absorbé qu'en proportion du fer qu'elles contiennent.

7. Outre cette absorption chimique d'oxigène produite par le fer et l'humus, les terres paraissent absorber en même temps ce gaz d'une manière que l'on peut appeler *physique*, puisque c'est plutôt une simple adhésion qu'une combinaison chimique. En effet, il y a des terres qui ne contiennent ni fer ni humus, qui absorbent l'oxigène ; tel est surtout le carbonate de magnésie qui jouit d'une si grande porosité. Cette absorption est analogue à celle des gaz par les corps poreux ou spongieux, par le charbon, lesquels restituent les gaz absorbés lorsqu'on les chauffe légèrement ou qu'on les comprime, aïusi que cela résulte des nombreuses expériences de M. Th. de Saussure.

Cette propriété des terres d'absorber et de retenir les gaz est d'une haute importance, et c'est sans doute le principal moyen dont se sert la nature pour mettre les fluides gazeux, l'oxigène, l'azote, l'acide carbonique, à la portée des racines des plantes ou des semences, dans un état de condensation qui les rend plus propres à leur servir d'aliments.

Les expériences de MM. Th. de Saussure, de Candolle et autres physiologistes ont démontré depuis longtemps que l'oxigène de l'air joue un rôle de tous les instants dans l'économie animale et végétale, qu'il favorise beaucoup le développement des parties organiques, principalement la germination des semences. La présence de l'air est, en effet, tout aussi essentielle que l'eau à la germination, et c'est parce qu'elles n'ont point le contact de cet agent que des semences enfouies trop profondément dans les terres ne lèvent pas. C'est ce que l'on a observé souvent en remuant des terres qui étaient depuis longtemps entassées ; il se développait aussitôt sur les parties fraichement remuées, un grand nombre de plantes dont les graines s'y trouvaient enfoncées depuis longues années sans qu'on pût le supposer. C'est ce que présentent aussi les forêts en coupe réglée, qui offrent, après chaque coupe, la naissance d'arbres différents de ceux qui forment l'essence de la forêt. C'est souvent aussi le cas des semences des mauvaises herbes qui apparaissent sur des terres qui depuis plusieurs années semblaient en être tout-à-fait débarrassées, circonstance qui fait le désespoir des cultivateurs.

L'aérage du sol qu'on pratique soit par des labours ou même des défonçages faits à l'avance, soit par des trous profonds creusés plusieurs mois avant la plantation des arbres, est donc une pratique fort utile, comme on l'a reconnu généralement et depuis bien longtemps, puisque plusieurs couches de terre sont ainsi mises en contact direct avec l'air, et qu'elles sont, pour ainsi dire, fertilisées par l'absorption de l'oxigène. Ces travaux sont d'autant plus nécessaires, que l'oxigène ne pénètre que lentement à plus de quelques millimètres de profondeur, et que d'ailleurs il est souvent rencontré par des substances organiques avec lesquelles il produit des composés nouveaux, et notamment de l'acide carbonique.

Que l'on compare plusieurs couches de terre arable, on remarquera toujours que les plus profondes sont moins fertiles que celles qui sont en contact immédiat avec l'atmosphère, et qu'il faut quelque temps pour les faire arriver à un même degré de fertilité, même quand leur composition chimique est identique. On observe souvent ce phénomène sur les terres nouvellement défrichées qui, ayant été autrefois fertiles, paraissent avoir perdu momentanément cette qualité, pour avoir été privées long-temps de l'influence de l'air. Les cultivateurs disent, dans ce cas, que le sol n'est pas assez *fait*, assez *mûr*, assez *aéré*, et qu'il a besoin des *germes fécondants de l'air*.

Lorsque, par le défoncement du terrain ou par des labours profonds, on mêle à la couche superficielle des terres qui ont été long-temps soustraites à l'influence fertilisante de l'air, il faut les remuer à la pioche ou à la charrue, à de longs intervalles, avant de pratiquer les semailles, il faut enfin leur donner la plus grande porosité possible, pour que l'air et l'humidité puissent en imprégner successivement toutes les parties, puisque ce n'est qu'à cette condition qu'elles peuvent devenir fertiles et récompenser les soins de l'agriculteur.

IX.—FACULTÉ D'ABSORBER ET DE RETENIR LA CHALEUR.

Les variations de température dans les sols de différente nature, et leur affinité plus ou moins grande pour absorber ou retenir la chaleur, méritent l'attention de l'agriculteur, car ces circonstances ont la plus grande influence sur la germination et le développement des plantes, surtout au printemps, lorsque la terre n'est pas encore ombragée par le feuillage des arbres.

La température du sol est très-variable, suivant les heures de la journée, la nature du terrain, son exposition, les mouvements de l'air, etc. Un fait bien remarquable, c'est que, quand il n'y a pas de vent, la température du sol est souvent très-différente de celle de l'air. Dans la journée, le sol est plus chaud que l'air ; c'est le contraire pendant la nuit. Ainsi, pendant la nuit, le docteur Wells a vu des thermomètres, placés sur l'herbe, marquer quelquefois 7 à 8 degrés de moins qu'à 1 ou 2 mètres de hauteur. Il y a aussi, quand l'air est calme, des différences très-grandes entre des corps très-voisins, surtout si le ciel est serein.

Il résulte des expériences faites par M. Quetelet, à Bruxelles, qu'à une profondeur d'un mètre, la température du sol reste la même le jour et la nuit ; qu'à 8 mètres, la différence entre l'été et l'hiver va tout au plus à 1° 1/2. Cela montre avec quelle lenteur la chaleur pénètre ; aussi, à cette profondeur de 8 mètres, le maximum de température n'a lieu que vers le milieu de décembre. M. Poisson avait trouvé précédemment le même résultat, d'après des observations faites à Paris.

Dans nos climats, la différence des saisons devient insensible à une profondeur de 24 mètres. A Paris, dans les caves de l'observatoire, qui ont 28 mètres, la température reste constante à 11°. Dans les régions équinoxiales, d'après M. Boussingault, il suffit d'enfoncer le thermomètre à 32 centimètres en terre, dans un lieu qui ne reçoive pas de soleil, pour qu'il marque le même degré, à un ou deux dixièmes près, pendant tout le cours de l'année.

Un fait très-curieux, signalé par M. Poisson, c'est que la température moyenne du sol pendant l'année entière, diffère très-peu de la moyenne prise dans l'air. Ce résultat est vrai dans la zône torride et dans les zônes tempérées, mais non pas, à ce qu'il paraît dans les climats froids, puisque M. Rudberg, à Stockholm, a trouvé la température moyenne du sol plus élevée que celle de l'air ; la différence est d'un degré (1).

Les différentes espèces de terre sont échauffées à différents degrés par les rayons du soleil. C'est sur cette propriété qu'est basée, en général, la dénomination de *sol froid* ou *chaud* ; et quoique l'agriculteur ne semble pas indiquer par là des notions bien définies, des caractères certains ; ces notions, ces caractères sont néanmoins conformes aux données scientifiques. En effet, un sol formé d'une *argile humide et de couleur claire* sera beaucoup moins et plus lentement échauffé par le soleil qu'un *sol sablonneux et de couleur foncée*, ce que le thermomètre démontre faciment. *Une terre de jardin, noire et humifère*, s'échauffera beaucoup plus qu'une *terre maigre, calcaire* ou *argileuse*.

Le degré d'échauffement des différentes terres dépend surtout des quatre circonstances suivantes :

I. De la nature différente de la surface des terres ;

II. De la composition chimique des terres ;

III. Des différents degrés d'humidité des terres, lorsqu'elles sont exposées au soleil ;

IV. Des différents angles que forment les rayons du soleil en tombant sur le sol.

Voici ce que l'expérience nous a appris sur l'influence respective de ces circonstances.

I. Pour apprécier l'influence de la couleur de la surface de la terre sur l'échauffement du sol, Schübler a fait les essais suivants :

Il a mis des quantités égales des différentes terres dans des vases d'une égale contenance, d'une superficie de 29

(1) Person.—*Eléments de physique.* 2ᵉ partie. p. 13, 14, 19 et 20.

centimètres carrés et de 23 millimètres de profondeur , au
milieu et au fond desquels étaient fixées des boules de thermomètres comparés , capables d'évaluer 1/10° de degré. Il
exposa à l'ardeur du soleil un de ces vases avec sa surface
de couleur naturelle ; il teignit la surface d'un autre en
noir ; un troisième fut coloré en blanc. Il laissa chaque
fois ces vases exposés à l'ardeur du soleil pendant une
heure et dans des conditions semblables ; et toujours il
constata qu'une *surface noire* acquérait une température
plus forte. La température de l'argile dans un vase *blanc*
augmentait , par l'action du soleil , de 16° 1/4 , pendant
qu'elle s'élevait à 24° dans un vase *noir*.

Cette augmentation de température , occasionée par les
surfaces noires , n'est pas seulement passagère , mais elle
demeure constamment plus forte pendant toute la durée
de l'action solaire. Qu'on laisse exposées au soleil pendant
des heures entières les mêmes espèces de terre avec des
surfaces *blanches* et *noires* ; les terres à surface *blanche* auront constamment une température plus faible. La moyenne
d'un grand nombre d'essais a fait voir que la coloration en
noir d'un sol blanchâtre peut augmenter de 50 p. % sa propriété absorbante de la chaleur.

C'est pour cette raison que l'on a conseillé de *teindre en
noir* les murs des espaliers , afin de hâter et de compléter
la maturation des fruits , surtout dans les pays du centre
et du nord de l'Europe. Dans les jardins légumiers, où l'on
cultive les primeurs , pois , fèves , laitue , fraisiers , etc. ,
sur des *ados* , on colore la surface de ceux-ci avec des matières noires , telles que des *terres tourbeuses et des terreaux
de couche ou de feuilles*. Lampadius , à Freyberg , a fait un
heureux emploi de cette méthode. Il réussit à faire mûrir,

pendant l'été frais de 1813 et dans le district des mines de Saxe , des melons dans une caisse remplie de terre et non couverte ; et , pour cela , il couvrit la terre d'une *couche de charbon pilé* de 54 millimètres. Sous l'influence du charbon, la terre de la caisse s'élevait de $+$ 37° 1/2 à 47° 1/2 à midi , même lorsque le thermomètre ne montait, à l'ombre , qu'à 15 ou 20° et au soleil qu'à 25° ou 37° 1/2 (1).—C'est encore sur le même fait qu'est fondée la pratique de semer au printemps des *cendres et de la terre* sur la neige pour la faire fondre plus vite ; quoique la couleur des cendres soit claire, elle est cependant plus foncée que la neige, et ne laisse pas de s'emparer de plus de chaleur. — Saussure nous apprend que les habitants de Chamouny répandent de la terre noire sur la neige pour en accélérer la fonte et avancer l'époque où ils pourront ensemencer leurs champs (2).

M. Chevreul a signalé comme une cause particulière d'influence sur l'augmentation de la température des terrains , une circonstance qui peut permettre de cultiver la vigne avec avantage dans des localités où le raisin ne pourrait pas arriver à maturité sans elle ; c'est la propriété que possèdent certains sols artificiels d'absorber presqu'en totalité les rayons de la lumière solaire , et avec eux la chaleur qui les accompagne. Tel est celui qui est formé sur quelques points du pays de Liège , par les débris d'un schiste bitumineux exploité en grande abondance dans cette contrée , et où la vigne est cultivée à une latitude

----

(1) Lampadius.—*Expériences dans le domaine de la physique et de la minéralogie*, p. 175. Weimar , 1846.

(2) Saussure.— *Voyages* , p. 740.

supérieure de quelques degrés à celle de l'extrême limite normale où sa culture s'arrête sous le même méridien (1).

II. Suivant leur nature chimique, les terres ne s'échauffent pas au même degré. Voici ce qui ressort des expériences de Schübler.

1. Le sable, soit siliceux, soit calcaire, si on le compare par volumes égaux avec d'autres terres, possède, au plus haut degré, la faculté d'absorber la chaleur ; il garde plus long-temps que les autres terres la température acquise ; de là viennent la grande chaleur et la sécheresse que présentent en été les contrées sablonneuses. La température des sables monte fréquemment à $+ 45°$, dans nos régions septentrionnales, en été, au milieu de la journée, tandis que l'air n'a qu'une température de 22 à 25°. — M. de Gasparin a observé, en 1827, à Tarascon, jusqu'à 51° de température dans une terre sablonneuse, légère et rougeâtre, au mois de juillet, et il ne croit pas que ce soit encore là le *maximum* de chaleur que ces sortes de terres puissent atteindre (2).

Même après le coucher du soleil, les sables gardent encore une température plus élevée que les autres terres. La petite quantité d'eau qu'ils retiennent contribue encore à leur échauffement, puisque l'évaporation de l'humidité enlève moins de chaleur au sol.

2. C'est l'humus qui, entre tous les éléments qui composent ordinairement le sol, a la moindre faculté de rete-

(1) Société royale d'agriculture de Paris, 1837, note de la page 39.

(2) De Gasparin.—*Annales de l'agriculture française,* t. 40, 2e série, p. 269.

tenir la chaleur, si on compare des volumes égaux ; et au contraire, une très-forte, si l'on compare des poids égaux.

3. Le carbonate de magnésie se maintient encore dans un cas d'exception, relativement aux autres terres ; il est à l'extrémité de la chaîne sous tous les rapports.

4. La faculté des terres de retenir la chaleur, si l'on compare des volumes égaux, est presqu'en rapport direct avec leur poids, de manière que l'on peut, pour ainsi dire, conclure avec sûreté d'une forte densité à une forte faculté de retenir la chaleur. Le sable, comparé à toutes les autres terres, fait ressortir cette propriété. En effet, c'est le plus lourd, comme on l'a vu précédemment, parmi tous les éléments terreux des sols ; c'est aussi celui qui absorbe et retient le plus la chaleur.

Dans le tableau suivant, la faculté des terres à s'échauffer et à retenir la chaleur, c'est-à-dire leur *capacité* pour le calorique, est exprimée par des chiffres, le sable calcaire étant pris comme point de comparaison.

	Faculté de retenir la chaleur.
Sable calcaire.	100,0
siliceux.	95,6
Glaise maigre.	76,9
Terre arable du Jura.	74,3
Gypse.	73,2
Glaise grasse.	71,1
Terre arable d'Hoffwyll.	70,1
argileuse.	68,4
Argile pure.	66,7
Terre de jardin.	64,8

Faculté de retenir la chaleur.

Terre calcaire fine. 61,8

Humus. 49,0

Carbonate de magnésie. 38,0

III. La quantité différente d'humidité dont le sol est impregné influe beaucoup sur son échauffement par les rayons solaires. Les terres humides ont une température moindre de quelques degrés que les terres de la même nature tout-à-fait sèches. Cette moindre température se maintient même au soleil jusqu'à la disparition complète de l'eau interposée. La cause essentielle de ce phénomène provient sans aucun doute de la grande proportion de calorique que l'eau exige pour son évaporation ou sa conversion en vapeur. La différence de température dans divers essais s'est montrée de 6 à 8 degrés.

Les terres d'une couleur claire et ayant une grande faculté de retenir l'eau ne s'échauffent donc que lentement, et forment, par une double raison, un *sol froid ;* c'est le cas des *argiles marneuses,* des *marnes calcaires.* Mais le sable, au contraire, forme un *sol sec et chaud* à cause du peu d'humidité qu'il contient et qui s'évapore bientôt.

Le tableau suivant donne les résultats des expériences de Schübler relativement à cette influence de l'humidité par rapport à l'échauffement des terres. On indique la couleur naturelle des terres essayées, parce que cette couleur change si considérablement la quantité de chaleur absorbée, que l'argile d'une couleur foncée, par exemple, s'échauffe plus que le sable d'une couleur claire.

ESPÈCES DE TERRES.	MOYENNE DES MAXIMA de température de la couche superficielle du sol, par une chaleur atmosphérique moyenne de 25°.			
	Surface de couleur naturelle.		Terre sèche.	
	Terre humide.	Terre sèche.	Surface blanche.	Surface noire.
	degr. cent.	degr. cent.	degr. cent.	degr. cent.
Sable siliceux, gris jaunâtre.	37,25	44,75	43,25	50,87
calcaire, gris blanchâtre.	37,38	44,50	43,25	51,12
Gypse clair, gris blanchâtre.	36,25	43,62	43,50	51,25
Glaise maigre, jaunâtre.	36,75	44,12	42,35	49,75
Glaise grasse.	37,25	44,50	42,12	49,50
Terre argileuse, gris jaunâtre.	37,38	44,62	41,88	49,12
Argile pure, gris bleuâtre.	37,50	45,00	41,25	48,87
Terre calcaire blanche.	35,63	45,00	42,85	50,50
Carbonate de magnésie, très-blanc.	35,15	42,62	42,62	49,62
Humus, gris noir.	39,75	47,37	42,50	49,38
Terre de jardin, gris noir un peu plus clair.	37,50	45,25	42,35	50,25
Terre arable d'Hoffwyll, grise.	36,88	44,25	42,00	50,00
du Jura, grise.	36,50	43,75	42,85	50,50

IV. L'inclinaison différente du terrain par rapport à la lumière influe beaucoup aussi sur la chaleur qu'il peut acquérir. Toutes choses égales d'ailleurs, l'échauffement est d'autant plus fort, ou en d'autres termes la quantité de chaleur absorbée par le sol est d'autant plus grande, que l'angle que forme le sol avec les rayons solaires approche de 90 degrés, c'est-à-dire que ces rayons tombent plus perpendiculairement à la surface de la terre.

Si, maintenant, l'on compare les quatre circonstances qui influent sur l'échauffement du sol par l'action solaire, on trouve que la couleur, l'humidité et l'angle d'incidence des rayons lumineux ont le plus d'influence. Ces trois circonstances peuvent faire naitre d'un jour à l'autre des différences de température de 14 à 15°, et même de 19 à 25°, si l'on a égard à l'angle d'incidence de la lumière; tandis que la constitution chimique du sol élève à peine la température d'un petit nombre de degrés.

Ici se termine ce que je voulais dire sur les *propriétés physiques* des sols arables, sujet si parfaitement élucidé par le docteur Schübler dont je me suis plû à reproduire en très-grande partie les excellentes observations. Les détails dans lesquels je suis entré à cet égard montrent au cultivateur tout ce qu'il y a de curieux et d'important dans cette étude; mais dans la pratique, pour déterminer la valeur d'une terre, il serait trop long de pratiquer toute la série des expériences que j'ai indiquées. La fixation de leur faculté de retenir l'eau, de leur densité, et de leur ténacité, jointe à leur analyse chimique, peut suffire dans la plupart des cas, puisque de ces propriétés il est facile de conclure presque toutes les autres. Ainsi :

Plus une terre pèse, plus sa faculté de retenir la chaleur et de se dessécher est grande ;

Une terre spécifiquement pesante forme ordinairement un sol poreux, sec et léger ;

Plus une terre possède la faculté de retenir l'eau, et plus elle absorbe ordinairement d'humidité et d'oxigène de l'air, plus elle se dessèche lentement ; et quand elle possède cette faculté à un haut degré, elle constitue habituellement un sol froid et humide.

La ténacité d'un sol n'est en proportion, ni avec sa faculté de retenir l'eau, ni avec son poids ; elle est d'autant
plus forte qu'il contient plus d'argile, quoique les différentes espèces d'argile, comme la marne et l'argile brûlée,
présentent des exceptions.

Je n'ai pas la prétention d'avoir tout dit sur le sor
ARABLE, mais au moins je crois avoir traité les questions
les plus importantes qui se rattachent à son étude. Ces
notions scientifiques que j'ai cherché à rendre aussi claires
et aussi simples que possible, devraient être bien vulgaires,
aujourd'hui que tant de bons ouvrages ont été publiés en
vue de l'instruction des habitants de nos campagnes. Malheureusement il n'en est point ainsi, car les cultivateurs
n'ont pas encore pris, au moins généralement, la bonne
habitude de lire et de méditer les écrits des agronomes et
des gens de science, et c'est là un grand tort, que déplo-
rent les quelques praticiens érudits que la France possède.
Voici comment s'exprime, à cet égard, un des hommes
que j'aime le plus à citer, car il réunit à une science
immense la pratique agricole la plus exercée.

« En général, ce n'est pas le goût de l'agriculture qui
manque en France, mais bien plutôt l'instruction agricole. Ce goût mal dirigé, donne lieu tous les jours à une
multitude de mécomptes très-facheux. Ce qui est le plus important, c'est de répandre sur cette matière, des connaissances positives et solides (1). »

« Lorsque les fermiers reçoivent une bonne éducation,

(1) Mathieu de Dombasle.—*Annales agricoles de Roville*, t. 3, p. 17.

on peut en attendre de grands perfectionnements dans l'art agricole. Un homme sans instruction peut diriger une charrue ou une herse d'une manière passable ; mais il apportera rarement des améliorations dans sa manière de cultiver, et sera incapable d'introduire des changements dans le système d'agriculture qu'il a adopté sans raisonnement (1). »

(1) Mathieu de Dombasle. — *Annales agricoles de Roville*, t. 4, p. 257.

Caen.—Imp. de H. Le Roy.